高分子材料加工工程实验指导

蒲 侠　陈金伟　张桂云　葛建芳　主编

U0264336

中国石化出版社

HTTP://WWW.SINOPEC-PRESS.COM

内 容 提 要

　　全书共三篇,28 个实验,以"高分子材料加工基础实验、高分子材料加工性能测试、综合和设计型实验"为主线编写,主要介绍了物料的高速捏合实验、塑料的注射成型实验、高分子材料的塑化性能测试、高分子材料的力学性能分析测试、DVD 盒的注射成型、聚丙烯薄膜配方及工艺研究、碳酸钙高填充聚丙烯复合材料的制备及性能研究等实验,注重实用性和可操作性,可以帮助学生更好地掌握成型加工技术,并提高分析问题和解决问题的能力。

　　本书除可作为高分子材料与工程、材料科学与工程及相关专业的实验教材外,也可供从事高分子材料加工与成型的工程技术人员参阅。

图书在版编目（CIP）数据

　　高分子材料加工工程实验指导／蒲侠等主编 .
—北京：中国石化出版社，2020.6
　　ISBN 978-7-5114-5843-8

　　Ⅰ.①高… Ⅱ.①蒲… Ⅲ.①高分子材料-加工-实验-高等学校-教材 Ⅳ.①TB324-33

　　中国版本图书馆 CIP 数据核字（2020）第 088920 号

中国石化出版社出版发行
地址:北京市东城区安定门外大街 58 号
邮编:100011　电话:(010)57512500
发行部电话:(010)57512575
http://www.sinopec-press.com
E-mail:press@ sinopec.com
北京富泰印刷有限责任公司印刷
全国各地新华书店经销
＊
710×1000 毫米 16 开本 8.75 印张 161 千字
2020 年 6 月第 1 版　2020 年 6 月第 1 次印刷
定价:32.00 元

前　　言

为适应我国对材料科学方面人才的需求，编者在总结多年教学改革和实践经验的基础上，借鉴和吸收其他高校在高分子材料加工实验教学方面的经验编写了《高分子材料加工工程实验指导》。本书除可作为高分子材料与工程、材料科学与工程及相关专业的实验教材外，也可供从事高分子材料加工、成型的工程技术人员阅读参考。

本书以"高分子材料加工基础实验、高分子材料加工性能测试、综合和设计型实验"为主线编写，注重实用性和可操作性，可以帮助学生更好地掌握成型加工技术，并提高其分析问题和解决问题的能力。全书共三篇，28个实验。第一篇为高分子材料加工基础实验，主要介绍了高速捏合实验、塑料的注射成型实验、挤出成型实验、模压成型实验、发泡成型实验、薄膜吹塑成型实验、压延成型实验、天然橡胶的塑炼和混炼实验、复合材料手糊成型工艺实验等；第二篇为高分子材料加工性能测试，主要包括高分子材料的塑化性能、力学性能、热性能、电性能的分析测试；第三篇为综合与设计实验，主要包括DVD盒的注射成型、聚丙烯薄膜配方及工艺研究、碳酸钙高填充聚丙烯复合材料的制备及性能研究、木粉/聚丙烯复合材料的制备与性能测试、高分子材料3D打印加工等方面的实验。

本书由蒲侠（仲恺农业工程学院）、陈金伟（广东轻工职业技术学院）、张桂云（仲恺农业工程学院）、葛建芳（仲恺农业工程学院）主编。其他参加编写的人员有仲恺农业工程学院的周向阳、吴连英，广东工贸职业技术学院的何显运。

全书由蒲侠和张桂云制定编写大纲、统稿和定稿。

在本书编写过程中，广东轻工职业技术学院的刘青山、徐百平两位老师给予了大力支持。编者参阅了国内外的专著和教材，得到了中国石化出版社教材基金的资助，出版社编审人员提出了很多中肯的意见，在此特致以衷心的感谢。

本书配有相关的教学课件，有需求的老师可联系出版社索取。

限于编者的水平，错误和不妥之处在所难免，衷心希望各位读者批评指正，在此致以最真诚的感谢。

编者
2020 年 4 月

目　　录

第一篇　高分子材料成型加工基础实验

第二篇　高分子材料性能测试

第三篇　综合和设计型实验

第一篇
高分子材料成型加工基础实验

第一节　高速捏合工艺实验

实验一　碳酸钙粉末表面处理实验

在高分子材料成型加工中，碳酸钙填充改性高分子材料的应用非常广泛。由于碳酸钙表面亲水疏油，与高分子材料相容性较差，致使改性材料的性能降低。因此，需要对碳酸钙表面进行处理，提高碳酸钙与高分子材料的相容性。

一、实验目的

1）了解高速搅拌机的结构特点及操作规程。

2）掌握碳酸钙粉末表面处理的工艺条件。

二、实验原理

碳酸钙是最常用的无机粉状填料，可分为轻质碳酸钙、重质碳酸钙、胶质碳酸钙，一般常用的是轻质碳酸钙。碳酸钙是橡胶的填充料，可使橡胶色泽光艳、伸长率大、拉伸强度高、耐磨性能良好，还可用作人造革、电线、聚氯乙烯、涂料、油墨和造纸等工业的填料，为应用最广的填充剂之一。碳酸钙价格低廉，来源广泛，相对密度小，除具有增量作用外，还可改善材料加工性能及制品的性能，如填充改性聚乙烯、聚丙烯、聚氯乙烯等，大量应用于高分子材料的改性中。

碳酸钙表面亲水疏油，以至于在高聚物中分散性差。碳酸钙与高分子材料相容性不好，致使碳酸钙对高聚物的补强性几乎没有，还会导致高聚物的拉伸强度降低。因此若要提升碳酸钙的补强效果，必须设法改变碳酸钙颗粒表面性质，即对其进行表面疏水性处理和活化处理。表面疏水性处理改善分散性，表面活化处理提高补强性，疏水化并不等于活性化，而要活性化，则必须疏水化。碳酸钙的表面处理，就是要把偶联剂、活性剂、分散剂涂覆到碳酸钙粒子的表面。

偶联剂是分子中含有两种不同性质基团的化合物，其中一种基团可与碳酸钙材料发生化学或物理的作用，另一种基团可与基体发生化学或物理作用。通过偶联剂的偶联作用，使基体与填充材料实现良好的界面结合。

三、实验原材料与仪器设备

1. 仪器设备

高速混合机由回转盖、混合锅、折流板、搅拌装置、排料装置、驱动电动机和机座组成，其结构及工作原理如图1-1、图1-2所示。

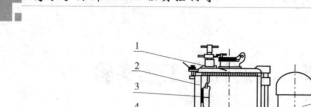

图 1-1　高速混合机的结构图

1—回转盖；2—混合锅；3—折流板；4—搅拌装置；
5—排料装置；6—驱动电动机；7—机座

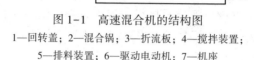

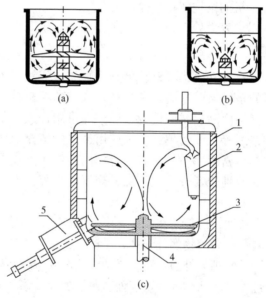

图 1-2　高速混合机的工作原理图

1—混合锅；2—折流板；3—搅拌器；4—传动轴；5—排料装置

　　高速混合机工作时，高速旋转的叶轮借助表面与物料的摩擦力和侧面对物料的推力使物料沿叶轮切向运动。同时，由于离心力的作用，物料被抛向混合室内壁，并沿壁面上升，又由于重力的作用而落回到叶轮中心，接着又被抛起。这样，快速运动着的粒子间相互碰撞、摩擦，物料温度相应升高，同时迅速地进行着交叉混合，这些作用促进了组分的均匀分布和对偶联剂、表面活性剂的吸收。

　　2. 原材料

　　碳酸钙、钛酸酯偶联剂、铝酸酯偶联剂、白油、硬脂酸、硬脂酸酯、活化剂。

四、实验内容

1. 实验前准备

1）按要求质量称取碳酸钙、偶联剂等活化剂，偶联剂用量大约为碳酸钙质量的 1%。偶联剂用白油进行稀释，偶联剂与白油质量比为 1∶1，将两者混合均匀，得到偶联剂混合液。

2）将高速混合机清理干净，将其温度升高到 100~110℃。

2. 实验步骤

1）将称量好的碳酸钙放入高速搅拌机内，启动高速搅拌机转动 1min。

2）将配制好的偶联剂混合液分三次倒入高速搅拌机内，每次倒入偶联剂混合液后搅拌 1min，所有混合液加入完毕后再搅拌 4~5min。

3）打开高速搅拌机出料口，将表面处理好的碳酸钙粉末排出，清理出高速搅拌机内剩余碳酸钙。

4）将表面已经处理好的碳酸钙包装好留待其他实验备用。

5）用毛刷将高速搅拌机清理干净。

五、数据记录与处理

将实验数据记录在表 1-1 中。

表 1-1　实验数据记录表

项　　　目	数　　　值
碳酸钙质量/g	
偶联剂质量/g	
表面处理温度/℃	
表面处理时间/min	

六、注意事项

1）实验前检查行程开关是否灵敏。

2）高速搅拌机转动时不能进行任何操作，以免伤人。

七、思考题

1）如何检测碳酸钙表面处理的效果？

2）如何进行滑石粉的表面处理？滑石粉表面处理一般选用哪种偶联剂？偶联剂用哪种助剂进行稀释？

八、参考文献

[1] 唐颂超. 高分子材料成型加工[M]. 北京：中国轻工业出版社，2013.

[2] 罗权焜，刘维锦. 高分子材料成型加工设备[M]. 北京：化学工业出版社，2007.

第二节　塑料的注射成型实验

实验二　聚丙烯注射成型实验

注射成型是高聚物一种重要的成型工艺，适用于热塑性和热固性塑料，其所用的设备是注射机和注塑模具。聚丙烯（polypropylene，简称PP）因其抗折断性能好，也称"百折胶"。PP是一种半透明、半晶体的热塑性塑料，具有高强度、绝缘性好、吸水率低、热变形温度高、密度小、结晶度高等特点。用于聚丙烯的改性材料通常有玻璃纤维、矿物填料、热塑性弹性体等。本实验以注塑级聚丙烯为原料，采用移动螺杆式注射机进行注射成型实验。

一、实验目的

1）了解柱塞式和螺杆式注射机的结构特点及区别。

2）掌握螺杆式注射机的操作过程及热塑性塑料注射成型的实验技能。

3）掌握注射成型工艺条件与注射制品质量的关系。

二、实验原理

注射成型是使固体塑料在注射机的料筒内通过外部加热、机械剪切力和摩擦热等作用，熔化成流动状态，后经柱塞或移动螺杆以很高的压力和较快的速度通过喷嘴注入闭合的模具中，经过一定的时间保压固化后，脱模取出制品注射成型的过程，包括加料、塑化、注射和模塑冷却四个阶段。

1. 加料

注射成型是一个间歇过程，在每个生产周期中，加入料筒中的料量应保持一定，当操作稳定时，物料塑化均匀，最终制得的制品性能优良。加料过多时，受热时间长，易引起物料热降解，同时使注射成型机的功率损耗增加；加料过少时，料筒内缺少传压介质，模腔中塑料熔体压力降低，补缩不能正常进行，制品易出现收缩、凹陷、空洞等缺陷。因此，注射成型机一般都采用容积计量的方式加料：柱塞式注射成型机，可通过调节料斗下面定量装置的调节螺帽来控制加料量；移动螺杆式注射成型机，可通过调节行程开关与加料计量柱的距离来控制加料量。

2. 塑化

塑化是指粒状或粉状的塑料原料在料筒内经加热达到流动状态，并具有良好可塑性的过程，是注射成型的准备阶段。塑化过程要求达到：物料在注射前达到规定的成型温度；保证塑料熔体的温度及组分均匀，并能在规定的时间内提供足够数量的熔融物料；保证物料不分解或极少分解。由于物料的塑化质量与制品的产量及质量有直接的关系，因此加工时必须控制好物料的塑化。影响塑化的因素较多，如塑料原料的特性、加工工艺、注射机的类型等。注射机类型对塑化的影响如下。

（1）柱塞式注射成型机

柱塞式注射成型机的工作过程是用柱塞将料筒内的物料向前推送，使其通过分流梭，再经喷嘴注入模具。柱塞式注射成型机料筒内的物料靠料筒外部的加热而熔化，物料在料筒内的流动由柱塞推动，呈层流流动，几乎没有混合作用。料筒内的料温以靠近料筒壁处为最高，而料筒中心处为最低，温差较大。尽管分流梭的设置改善了加热条件，使料温变均匀，并且增加了对物料的剪切力，使其黏度下降，塑化程度提高，但由于分流梭对物料的剪切作用较小，物料经过分流梭后，温差减小，而最终料温仍低于料筒温度。另外，分流梭的设计导致物料中或多或少存在滞流区和过热区，因此柱塞式注射成型机难以满足生产大型、精密制品，以及加工热敏性高黏度塑料的要求。

（2）螺杆式注射成型机

螺杆式注射机的预塑过程为：螺杆在传动装置的驱动下在料筒内转动，将从料斗中落入料筒内的物料向前输送。在输送过程中，物料被逐渐压实，在料筒外加热和螺杆摩擦热的作用下，物料逐渐熔融塑化，最后呈黏流状态。熔融态的物料不断被推到螺杆头部与喷嘴之间，并建立起一定的压力，即预塑背压。由于螺杆头部熔体的压力作用，使螺杆在旋转的同时逐步后退，当积存的熔体达到一次注射量时，螺杆转动停止，预塑阶段结束，准备注射。螺杆式注射机料筒内的物料除靠料筒外加热外，由于螺杆的混合和剪切作用提供了大量的摩擦热，还能加速外加热的传递，从而使物料温升很快。如果剪切作用强烈，到达喷嘴前，料温可升至接近甚至超过料筒温度。

3. 注射

注射是指用柱塞或螺杆，将具有流动性、温度均匀、组分均匀的熔体通过推挤注入模具的过程。注射过程时间虽短，但熔体的变化较大，这些变化对制品的质量有重要影响。

塑料在柱塞式注射成型机中受热、受压时，首先将粒状物料挤压成柱状固体，然后在受热过程中，物料逐渐变成半固体，最后成为熔体，物料的熔化过程缓慢。注射时，注射压力很大一部分要消耗在物料从压实到熔化的过程中。尽管增大料筒直径能减少注射压力损失，但塑化质量大大下降。因此，柱塞式注射成型机的注射压力损失大，注射速率低。

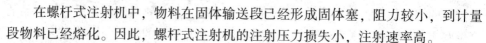

在螺杆式注射机中，物料在固体输送段已经形成固体塞，阻力较小，到计量段物料已经熔化。因此，螺杆式注射机的注射压力损失小，注射速率高。

4. 充模冷却过程

充模冷却过程是指塑料熔体从注入模腔开始，经型腔充满、熔体在控制条件下冷却定型、直到制品从模腔中脱出为止的过程。无论采用何种形式的注射机，塑料熔体进入模腔内的流动情况都可分为充模、保压压实、倒流和浇口冻结后的冷却四个阶段。在这连续的四个阶段中，模腔压力的变化如图 2-1 所示。

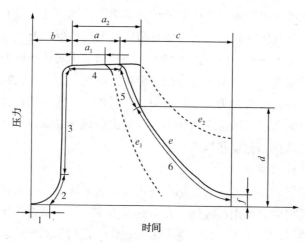

图 2-1　充模过程中的压力变化

a、a_1、a_2—熔体受压保持时间(保压时间)；b—柱塞或螺杆前移时间；c—熔体倒流和冷却时间；

d—浇口凝封压力；e、e_1、e_2—压力曲线；f—开模时的残余压力；

1—熔体开始进入模腔的时间；2—熔体填充模腔的时间；3—熔体被压实的时间；

4—保压时间；5—熔体倒流时间；6—浇口凝固后到脱模前熔体继续冷却时间

热塑性塑料的注射成型主要是一个物理过程，但高聚物在热和力的作用下难免发生某些化学变化。注射成型应选择合理的设备和模具，制订合理的工艺条件，以使化学变化减少到最小的程度。实验时聚丙烯注射成型工艺条件可参考表 2-1。

表 2-1　常用塑料注射成型工艺条件

树脂名称		PP	高密度聚乙稀（HDPE）	聚甲醛树脂（POM）	聚碳酸脂（PC）	高抗冲ABS塑料	耐热级ABS塑料
螺杆转速/(r/min)		30~60	30~60	20~40	20~40	30~60	30~60
喷嘴	形式	直通式	直通式	直通式	直通式	直通式	直通式
	温度/℃	170~190	150~180	170~180	230~250	190~200	190~200

续表

树脂名称		PP	高密度聚乙稀 （HDPE）	聚甲醛树脂 （POM）	聚碳酸脂 （PC）	高抗冲 ABS 塑料	耐热级 ABS 塑料
料筒温度/ ℃	前	180～200	180～190	170～190	240～280	200～210	200～220
	中	200～220	180～220	170～200	260～290	210～230	220～240
	后	160～170	140～160	170～190	240～270	180～200	190～200
模具温度/℃		40～80	30～60	90～120	90～110	50～80	60～85
注射压力/MPa		70～120	70～100	80～130	80～130	70～120	85～120
保压压力/MPa		50～60	40～50	30～50	40～50	50～70	50～80
注射时间/s		1～5	1～5	2～5	1～5	3～5	3～5
保压时间/s		20～60	15～60	20～90	20～80	15～30	15～30
冷却时间/s		10～50	15～60	20～60	20～50	15～30	15～30
总周期/s		40～120	40～140	50～160	50～130	40～70	40～70

三、实验原材料与仪器设备

1. 仪器设备

塑料注射成型机：1 台；

塑料标准试样模具：1 副；

温度计：1 支；

秒表：1 个；

其他用品（脱模剂、铜刀、石棉手套）：若干。

2. 实验原材料

实验原材料采用注塑级 PP。流动性不同的 PP 用途不同，按用途可以将其分为拉丝、纤维、薄膜、吹塑、注塑、挤塑等级别，相对应的熔体流动速率（MFR）可参考表 2-2。

表 2-2　不同使用级别 PP 的熔体流动速率

用　　　途	拉丝级	纤维级	薄膜级	吹塑级	注塑级	挤塑级
熔体流动速率/（g/10min）	3～6	2～8.5	1.5～8	0.3～0.7	1～40	0.35～4

四、实验步骤

1）准备工作

① 详细观察、了解注射机的结构，工作原理，安全操作等；

② 了解聚丙烯的规格及成型工艺特点，拟定各项成型工艺条件，并对原料进行预热干燥备用；

③ 安装模具并进行试模。

2）闭模及低压闭模。由行程开关切换实现"慢速—快速—低压慢速—充压"的闭模过程。

3）注射机机座前进后退及高压闭紧。

4）注射。

5）保压。

6）加料预塑。可选择固定加料或前加料或后加料等不同方式。

7）开模，制品顶出。由行程开关切换实现"慢速—快速—慢速—停止"的启模过程。

8）螺杆退回。

重复上述操作程序几次，观察注射取得样品的情况，观察制品是否存在缺陷，并分析缺陷出现的原因，再进行工艺参数调节解决制品缺陷问题，直至样品质量符合要求。

五、数据记录与处理

本次实验的数据记录与处理具体内容如下：

1）观察所得的试样制品的外观质量，根据记录的每次实验条件分析对比试样质量的关系。制品的外观质量包括制品的颜色，透明度，有无缺料、凹痕、气泡和银纹等；

2）将取得的试样制品进行力学性能等测试并对结果进行分析并撰写实验报告，报告包括以下内容：

① 实验目的和实验原理；

② 实验仪器/设备、原材料名称及型号；

③ 实验操作步骤；

④ 实验结果表述；

⑤ 实验现象记录及原因分析；

⑥ 解答思考题。

六、注意事项

1）根据实验的要求可选用手动、半自动、全自动三种操作方式进行实验演示。

① 手动：按"手动"按钮键，灯亮，进入手动模式。调整注射和保压时间，关上安全门。每揿一钮，就相当于完成一个动作，必须一个动作做完才能按另一个动作按钮。一般在试车、试制、校模时选用手动操作。

② 半自动：按"半自动"按钮键，灯亮，进入半自动模式，关好安全门，则各种动作会按工艺程序自动进行。即依次完成闭模、稳压、注座前进、注射、保

压、预塑(螺杆转动并后退)、注座后退、冷却、启模和顶出。开安全门，取出制品。

③全自动：按"全自动"按钮键，灯亮，进入全自动模式，关上安全门，则机器会自行按照工艺程序工作，最后由顶出杆顶出制品。由于注塑机附带的监控装置的作用，各个动作周而复始，无须打开安全门，该模式要求实验设备装有自动脱模及制品取出装置，如机械手臂。

2）未经老师同意，不得擅自操作和触动设备的各个部分。

3）清理模具时，用规定工具清理，不能用其他硬物刮。

4）操作人员必须戴手套，以防止烫伤。

5）模具喷涂防锈油，为防止模具咬合，闭模时注意不要完全锁紧模具，必须留出少许间隙。

6）实验结束后按 5S 现场管理法的要求清理工具，打扫实验场地。

七、思考题

1）聚丙烯塑料注射成型工艺性能有何特点？

2）注射成型聚丙烯厚壁制品容易出现什么缺陷？怎样从工艺上予以改善？

3）注射成型聚丙烯薄壁制品与厚壁制品对注塑机工艺参数的要求有何不同？

八、参考文献

[1]刘青山．塑料注射成型技术[M]．北京：中国轻工业出版社，2010．

[2]戴伟民．塑料注射成型[M]．北京：化学工业出版社，2009．

[3]蔡恒志．现代注塑生产技术丛书——注塑制品成型缺陷图集[M]．北京：化学工业出版社，2011．

第三节 挤出成型实验

实验三 聚丙烯挤出造粒实验

挤出成型是热塑性塑料成型加工的重要成型方法之一，热塑性塑料的挤出加工是在挤出机的作用下完成的重要加工过程。在挤出机内将塑料加热并依靠塑料颗粒之间的内摩擦热使其成为黏流态物料，在挤出机螺杆的旋转推挤作用下，通过口模使黏流态物料变为料条，再通过切粒机将料条切成大小均匀的颗粒。

一、实验目的

1）了解聚丙烯的挤出工艺过程以及造粒加工过程。
2）掌握聚丙烯挤出及造粒加工设备及操作规程。
3）掌握聚丙烯挤出工艺条件及挤出过程中需注意的问题。

二、实验原理

挤出成型过程分成三个阶段。在料筒加料段，在旋转着的螺杆作用下，物料通过料筒内壁和螺杆表面的摩擦作用向前输送和压实，物料在加料段内呈固态向前输送。

当物料进入压缩段后，由于螺杆螺槽深度逐渐变浅以及机头的阻力所形成的高压使物料被进一步压实。与此同时，物料在料筒外加热以及螺杆与料筒内表面对物料的强烈搅拌、混合和剪切摩擦所产生的内摩擦剪切热作用下，其温度不断升高直至达到熔点，物料开始熔融。随着物料的输送及持续加热，熔融的物料量逐渐增多，而未熔融的物料则相应减少，最后在压缩段末端全部物料均转变为黏流态，但其熔融状态尚未均匀。

物料进入均化段后将进一步塑化和均化，最后螺杆将物料定量、定压地挤入机头，机头中口模是成型部件，物料通过它便获得一定截面的几何形状和尺寸，再通过冷却定型、切断等工序就成为成型制品。

PP 材料为无毒、无臭、无味的乳白色高结晶的聚合物，具有良好的介电性能和高频绝缘性且不受湿度影响，但低温时变脆，不耐磨、易老化，从而影响 PP 材料及其产品的使用，严重的甚至会影响到材料和制品原有的机械性能和使用价值。因此，为扩大 PP 应用领域，需要对 PP 进行改性，比较常见的 PP 改性一般为：PP 增韧改性、PP 共混改性、PP 填充增强改性、PP 耐热氧老化改性、PP 耐光老化改性、PP 接枝改性、PP 透明性改性等。而制作这些改性材料，需要用单螺杆挤出机或双螺杆挤出机将混合物料进行熔融挤出，以得到某一方面性能提高的 PP 混合料以备它用。

三、实验原材料与仪器设备

1. 仪器设备

单螺杆挤出机、双螺杆挤出机、冷却水槽、切粒机等。

单螺杆挤出机的组成与结构如图 3-1 所示。

双螺杆挤出机的组成与结构如图 3-2 所示。

双螺杆挤出机组如图 3-3 所示。

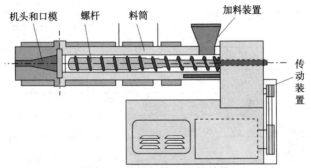

图 3-1 单螺杆挤出机的结构

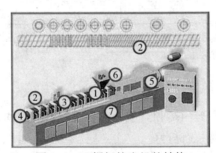

图 3-2 双螺杆挤出机的结构

①—机筒；②—螺杆；③—加热器；④—机头；⑤—传动装置；⑥—加料装置；⑦—机座

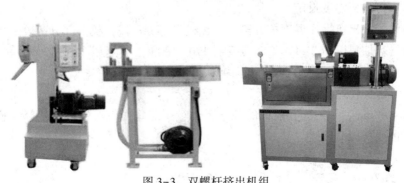

图 3-3 双螺杆挤出机组

2. 实验原材料

聚丙烯、聚乙烯、碳酸钙、滑石粉、增韧剂(POE)、聚烯烃弹性体、成核剂、抗氧剂等。

3. 实验物料配方

实验用物料参考配方见表3-1。

表 3-1 实验物料配方 　　　　　　　　　　质量份

项　　目	实验 1	实验 2	实验 3	实验 4	实验 5	实验 6
PP	100(粉料)	100(粉料)	100	100	100	100
成核剂	0.1					
抗氧剂 1010	0.05	0.1				
抗氧剂 168	0.05	0.1				
硬脂酸钙	0.05	0.1				
碳酸钙		20	30			
滑石粉				30		
聚乙烯					20	
POE						20

注：质量份指每100份(以质量计)橡胶(或树脂)添加的份数。

四、实验内容

1. 实验前准备

1) 按设计配方称取聚丙烯和其他助剂，将物料混合均匀。

2) 检查电路、水路是否接好。

3) 准备仪器清洗料(建议用低密度聚乙烯)。

2. 单螺杆挤出机工艺参数的设定

(1) 挤出机温度设定

单螺杆挤出机操作温度按五段控制，机身部分三段，机头部分两段。

机身：加料段 160~170℃，压缩段 170~180℃，计量段 180~190℃；

机头：机颈 190~200℃，口模 190~200℃。

(2) 螺杆转速

0~40r/min，一般先在较低的转速下运行至稳定，待有熔融的物料从机头挤出后，再继续提高转速。

(3) 切粒机转速

0~20r/min，视挤出圆条的速度，逐渐调节。

3. 双螺杆挤出机工艺参数的设定

（1）挤出机温度设定

双螺杆挤出机操作温度按七段控制，机身部分六段，机头部分一段。

从加料口到机头温度：150～160℃、170～180℃、180～190℃、190～200℃、200～210℃、200～220℃；

机头口模：190～210℃。

（2）螺杆转速

主螺杆转速：100～140r/min；

喂料转速：10～14r/min；

螺杆转速和喂料转速要根据设备运行状况进行调整。

（3）切粒机转速

40～60r/min，根据挤出料条的速度进行调节。

4. 单螺杆挤出机实验步骤

1）启动挤出机电脑及动力系统，根据物料要求设定各区加热温度。

2）开始各段预热，待各段加热达到规定温度时准备向挤出机中加入物料。

3）开动主机，在慢速（10r/min）运转下先少量加聚丙烯清洗料，待清洗料熔料挤出后，观察其颜色变化，待挤出料条无杂质及颜色变化时，可加入实验料。

4）加入实验料后，逐渐提高螺杆转速，同时注意转矩、压力显示仪表。待熔料挤出平稳后，开启切粒机，将挤出圆条通过冷却水槽后慢慢引入切粒机进料口，慢慢调节切粒机转速以与挤出速度匹配。

5）实验完毕逐渐减速停车，用低密度聚乙烯（LDPE）清理挤出机，将挤出料筒内残留实验料清理干净。

6）关闭各辅机，切断总电源。

5. 双螺杆挤出机实验步骤

1）接通主机电源，启动挤出机电脑。

2）根据物料要求在电脑中输入设定的各段加热温度，加热升温。

3）当达到所需温度时，手动盘车（手动转动主机），若螺杆轻松转动，则可以进行开机，若螺杆不能转动，则继续加温直到螺杆能轻松转动。

4）依次启动主机、喂料、切粒机等电机（先开主机，后开喂料）；分别将主机、喂料机、切粒机调整到合适的速度。

5）加入实验用聚丙烯清洗螺杆，待清洗料聚丙烯熔料被挤出后，观察其颜色变化，当挤出料条无杂质及颜色变化时，待机头处没有熔料挤出时，加入准备好的混合实验物料。

6）实验完毕，用LDPE清洗螺杆，待机头处没有熔料挤出时，先关喂料，再降低主机转速至 50r/min 左右，待筒体内的物料排尽后，关闭主电机。

7）关闭各辅机，切断总电源。

五、数据记录与处理

将实验数据记录在表 3-2 中。

表 3-2　实验数据记录表

项　目	数　值
PP 配混料/g	
挤出机料筒设定温度/℃	
挤出机料筒实际温度/℃	
挤出机机头设定温度/℃	
挤出机机头实际温度/℃	
主螺杆转速/(r/min)	
喂料转速/(r/min)	
挤出机电流/A	

六、注意事项

1）实验过程中戴好手套避免烫伤。

2）螺杆只允许低速启动，空转时间不超过 2min。

3）螺杆转动时，严禁用金属棒从开口筒体清理物料。

4）实验结束后关闭水阀，放掉水槽中的冷却水。

5）打扫实验室卫生，填写实验记录。

七、思考题

1）如何确定物料是否挤出混合均匀？

2）试分析工艺条件(温度、转速)对制品质量及生产效率的影响。

八、参考文献

[1] 唐颂超 . 高分子材料成型加工[M]. 北京：中国轻工业出版社，2013.

[2] 秦宗慧，谢林生，祁红志 . 塑料成型机械[M]. 北京：化学工业出版社，2013.

[3] 吴培熙 . 塑料制品生产技术大全[M]. 北京：化学工业出版社，2011.

[4] 罗权焜，刘维锦 . 高分子材料成型加工设备[M]. 北京：化学工业出版社，2007.

实验四　PVC 管材挤出成型实验

聚氯乙烯(polyvinyl chloride，简称 PVC)塑料是一种多组分塑料，根据不同的用途可加入不同的添加剂，因组分不同，PVC 制品呈现不同的物理力学性能，可以针对不同场合应用。PVC 塑料管在塑料管中所占的比例较大。PVC 管材分硬软两种，分别为硬质 RPVC 管及软质 SPVC 管。RPVC 管是将 PVC 树脂与稳定剂、润滑剂等助剂混合，经造粒后挤出成型制得，也可采用粉料一次挤出成型制得。RPVC 管耐化学腐蚀性与绝缘性好，主要用于输送各种流体，以及用作电线套管等。SPVC 管是由 PVC 树脂加入较大量的增塑剂和一定量稳定剂，以及其他助剂，经造粒后挤出成型制得的。SPVC 管材具有优良的化学稳定性，卓越的电绝缘性和良好的柔软性和着色性，此种管常被用来代替橡胶管，用以输送液体及腐蚀性介质，也用作电缆套管及电线绝缘管等。本次实验采用单螺杆管材挤出机组，进行用于建筑给排水用管的 RPVC 管材挤出。

一、实验目的

1）了解常规塑料管材生产线的组成、各部分的作用及生产工艺流程。

2）掌握常见 PVC 管材原料的配方设计。

3）掌握分析管材的定径方法、冷却方式对管材质量的影响。

4）了解 PVC 管材生产中常见的问题及解决办法。

二、实验原理

塑料管材挤出成型过程通常分为三个阶段：①原料塑化，即通过挤出机的加热和混炼，使固态原料变为均匀的黏性流体；②成型，即在挤出机挤压部件的作用下，使熔融的物料以一定的压力和速度连续地通过成型机头，从而获得一定的断面形状；③冷却定型，即通过定径、冷却处理方法使熔融的物料将已获得的形状固定下来，并变为固体状态(塑料管材)。以上三个阶段是通过主机及辅机(或称挤出机组)来实现的。具体来说，主机即挤出机，辅机包括机头、定型装置、冷却装置、牵引装置、切断设备和堆料架。具体工艺流程如图 4-1 所示。

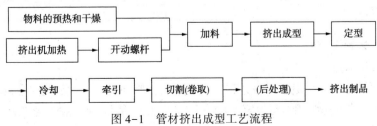

图 4-1　管材挤出成型工艺流程

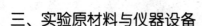

三、实验原材料与仪器设备

1. 仪器设备

单螺杆管材挤出机组：1台(套)；

冷混机：1台；

高速混合机：1台；

称重天平：1个；

其他用品[卡尺、铜刀(棒)、石棉手套等]：若干。

单螺杆管材挤出机组参考规格见表4-1。

表4-1　常用单螺杆管材挤出机组规格表

辅 机 规 格	挤出主机螺杆直径		
	45mm	90mm	150mm
外径/mm	10~40 25~63	40~110 63~160	125~200 160~280 200~400
推荐配用挤出机规格 （螺杆直径）/mm	30 45	65 90	120 150 200
冷却方式	浸浴式	浸浴式	喷淋式
牵引管径范围/mm	10~75	35~170	120~450
切割方式	圆盘锯	圆盘锯	行星锯
切割长度/mm	约170	约170	120~450
辅机中心高/mm	1000	1000	1100

2. 实验原材料

实验选用PVC原材料用来成型RPVC管材，该管材属于建筑排水用管，其配方可参考表4-2。原材料牌号及厂家自定。

表4-2　建筑排水用管配方(单螺杆)　　　　　　　　　　质量份

材　料	用　量	材　料	用　量
PVC	100	抗冲击改性剂	4~8
铅盐稳定剂	4~4.5	填料	6~8
金属皂类稳定剂	1.2~1.4	色素	适量
润滑剂	0.8~1.2		

四、实验步骤

1. 准备工作

1）原料混合。将实验原材料依次按比例、工艺顺序先后加入高速混合机内，经物料与机械自摩擦使物料升温至设定工艺温度，然后经冷混机将物料降至40~50℃出料。

2）将搅拌均匀后的混合料加入挤出机上的喂料机的料斗内。

2. 管材挤出成型

1）塑化挤出。通过单螺杆挤出机对物料进行输送、压实、熔融、混炼塑化，得到熔融状态的 PVC。

2）机头和口模。经压实、熔融、混炼均化的 PVC，由后续物料经螺杆推向模头，挤出模头是管材成型的关建部件。

3）定型。物料从机头口中挤出时，基本上处于熔融状态，必须进行冷却和定径，使管状挤出物的温度下降而硬化、定型，以保证挤出的管材离开定型装置后不会由于牵引、本身的质量、冷却水的压力以及其他条件的影响而变形。

4）冷却。由机头挤出的管状物（管材）经过定型装置初步定型后，其内外表面的温度较低，但塑料是热的不良导体，其内部还未完全冷却，如果不继续冷却，内部的热量会导致已冷却的表面温度上升，引起管材变形，因此必须继续冷却。管材的冷却一般有浸浴式（冷却水槽）冷却和喷淋式（喷淋水箱）冷却两种。

5）管材牵引。常用的牵引装置有滚轮式和履带式两种。

6）切割。切割装置一般有圆盘锯切割和行星锯切割两种装置。

7）翻料。翻料动作自气缸通过气路控制翻料架来实现卸料目的。卸料后经延时数秒自动复位，等待下一循环。

3. PVC 管材质量分析

观察制品是否存在缺陷，并分析缺陷出现的原因，再进行工艺调节解决制品缺陷问题。PVC 管材生产中常见问题及解决办法见表4-3。

表4-3　PVC 管材生产中常见问题及解决办法

序号	不正常现象	原　　因	解 决 方 法	备　　注
1	表面变色	机筒或机头温度过高使物料分解	降温	
		物料稳定性不够，发生分解	检查是 PVC 树脂还是稳定剂导致稳定性不够，更换树脂或稳定剂，或增加稳定剂份数	
		温度仪表控制失灵，超温引起分解	调校、检修仪表	
2	管材表面有黄褐色条纹或色点	模具或分流梭局部有死角或凹陷，引起滞料、糊料，产生局部分解条纹	进行清理	局部糊料、死角引起和管材表面摩擦增大加剧分解，形成条纹
		混料不均或物料中有杂质，可引起局部分解，形成表面色点	确定具体原因，改善混料工艺或更换有问题原料	

续表

序号	不正常现象	原　因	解决方法	备　注
3	外表无光泽	口模温度低	提高口模温度、增加ACR(丙烯酸/酯类共聚物)用量以提高剪切	光亮型ACR加工助剂即使在较低温度下仍可显著改善表面光洁度
		剪切速率太大，熔体破裂	适当提高料温、提高ACR用量或降低牵引速度	
		口模温度过高或内表面光洁度差	降温，降低粗糙度	
		塑化不良	提温，增加加工助剂	
		外润滑剂含量过低	在保证物料塑化的前提下，适当增加外润滑剂	外滑剂过少，使物料易粘结在模具金属表面，影响表面光泽
		碳酸钙的粒度过大或粒径分布过宽	更换适用的碳酸钙	
4	管材表面起皱纹	口模四周温度不均匀	检查加热圈	
		冷却不良	开大冷却水或降低冷却水温度	
		牵引太慢	加快牵引	
		料内有杂质	调换原料	
		芯模温度太低	提高芯模温度	
		机身温度过低	提高机身温度	
		牵引速度太快	减速	
5	内壁毛糙	芯模温度太低	提高模芯温度或增加加工助剂	温度低造成塑化不良，内壁在模头处难以升温，故产生毛糙现象
		机筒温度过低，塑化不良	提高温度	提温使后段温度难以控制时，可增加ACR加工助剂，而不提温，能得到相同效果
		螺杆温度太高	加强螺杆冷却	

续表

序号	不正常现象	原　因	解　决　方　法	备　注
6	管壁起泡	料过潮	干燥	
		机筒二段后真空排气孔处真空度过低或堵塞	检查泵工作状况、管路有无堵塞	
		有分解(机头温度过高)	降低温度	
7	管壁厚度不均匀	口模、芯棒不同心	调模	
		机头温度不均，出料有快慢	检查加热圈，检查螺杆有无脉动现象	
		牵引速度不稳	检查维修牵引机	
		真空槽真空度有波动	检查真空泵及其管路	
8	内壁凹凸不平	螺杆温度过高	降螺杆温度	
		螺杆转速过快，引起融体破裂	降螺杆转速	
9	管材弯曲	管壁厚度不均匀	同第7条	
		机头四周温度不均	检查电热圈	
		机身、定径槽、牵引不在一条轴线上	调节至一条轴线上	
		冷却槽两端孔不在一条直线上	调节至一条轴线上	
		冷却槽喷头出水不均匀	调节、更换喷头	
10	断面有气泡	物料水分高	干燥或换喷头	
		混料温度低，水分未排出	提高混料温度	
		排气孔真空度低或管道堵塞	检查真空泵及其管路	
		机身或模头温度过高	降低温度	
		混配料热稳定性差	检查修改配方	
11	管材冲击强度不合格	加工温度低	提高加工温度或增加ACR加工助剂	
		原辅料质量差	更换原料	
		背压低	改变工艺条件	如因模具引起背压低、不能通过工艺调节时，只能修模

续表

序号	不正常现象	原 因	解决方法	备 注
11	管材冲击强度不合格	配方不良	改进配方	
		加工温度高(塑化过度或有分解)	降低温度	
		使用CPE(氯化聚乙烯)抗冲改性时,螺杆转速太快、剪切速率过高使CPE分散不均,呈堆集状态,提高PVC抗冲性能的作用下降	降低螺杆转速	降低螺杆转速会使产能下降,改用ACR作为抗冲改性剂为最佳解决办法,ACR对温度高低、剪切速率大小均有良好的适应性
		冷却水温度过低(多发生在冬天),因骤冷产生过大内应力	调节冷却水温度	
		排气不良,使管材产生气孔	调节排气孔真空度,有堵塞时予以消除	
		缺陷性粒子,在管壁中形成微裂纹,使管材抗冲强度下降	缺陷性粒子可能来自杂质、团聚的$CaCO_3$、润滑剂、未塑化的PVC颗粒等,根据具体原因采取应对措施,如将干混料过筛	缺陷性粒子是指颗粒较大影响材料强度的颗粒,缺陷性粒子同样会使管材液压试验不合格
12	管材液压试验不合格	塑化不良,拉伸强度降低	提高或增加助剂份数	
		PVC树脂质量不好,聚合度低或相对分子质量分布过宽,或分子结构有缺陷	更换PVC	
		改性剂抗拉强度低,从而降低了管材的抗拉强度	更换较高抗拉强度的抗冲改性剂,ACR和CPE对管材抗拉强度影响要小得多	
		第11条中诸因素,同样会引起管材抗拉强度低,使液压试验不合格		

续表

序号	不正常现象	原　因	解决方法	备　注
13	二氯甲烷浸渍试验不合格	塑化不良	提高加工温度或增加ACR加工助剂	对碳酸钙、炭黑等填充组分高的配方，仅靠提高加工温度来提高塑化度往往是难以奏效的，此时需要增加 ACR加工助剂
14	纵向回缩率不合格	配方中弹性橡胶体等高回缩率物质组分过高，如 CPE	更换配方中回缩率过高的组分	
		挤出速度与牵引速度不匹配，牵引速度过快	降低牵引速度	
		冷却不良	降低冷却水温度或加大冷却水量	
		机头温度过高	降低温度	

五、数据记录与处理

1）记录每次实验条件，观察所得的试样制品的外观质量，分析对比试样质量与工艺条件之间的关系。

2）撰写实验报告，需包括以下内容：

① 实验目的和实验原理；

② 实验仪器/设备、原材料名称及型号；

③ 实验操作步骤；

④ 实验结果表述；

⑤ 实验现象记录及原因分析；

⑥ 解答思考题。

六、注意事项

1）设备发生故障影响实验安全进行时，操作必须立即停止，如果设备故障没有排除，不能重新开机。

2）操作人员不能站在模头或挤出机旁取暖或烘烤其他物品。

3）严格控制好各项工艺指标，以确保安全生产顺利进行。

4）清理口模时，需用规定工具清理，不能用其他硬物刮。

5）操作人员必须戴手套，以防止烫伤；头发不能过肩，以保证人身、设备安全。

6）实验结束后按 5S 现场管理法的要求清理工具，打扫实验场地。

七、思考题

1）如何选择管材的定径方法，它们有何特点？

2）挤出管材的壁厚如何控制？

3）管材的冷却方式有几种，有何特点？

4）RPVC 管与 SPVC 管在原料配方上有何区别？

5）管材管壁厚度不均匀的原因有哪些？如何解决？

八、参考文献

［1］徐百平．塑料挤出成型技术［M］．北京：中国轻工业出版社，2011.

［2］李红元．塑料管材与加工［M］．北京：化学工业出版社，2012.

［3］李智武．聚氯乙烯管材的配方、生产和质量监测策略［J］．化工设计通讯，2019，45（12）：46-49.

第四节 模压成型实验

实验五 热塑性塑料模压成型实验

压制成型是高分子材料成型加工技术中历史最悠久，也是最为重要的一种工艺，几乎所有的高分子材料都可用此方法来成型制品，但考虑到生产效率、制品尺寸、产品使用的特点，目前主要用于热固性塑料、橡胶制品、复合材料的模压成型。

对于热塑性塑料，由于模具交替加热和冷却，生产周期长，生产率较低，同时易损坏模具，故生产中很少采用该方法生产，但是对于成型面积较大的热塑性塑料可以采用此方法。用模压法加工的塑料主要有酚醛塑料、氨基塑料、环氧树脂、有机硅、硬聚氯乙烯、聚乙烯、氯乙烯与醋酸乙烯共聚物等。

一、实验目的

1）了解模压成型机的结构特点及操作规程。

2）掌握热塑性塑料模压成型的工艺条件。

二、实验原理

在热塑性塑料改性研究中，常常开发一些功能性新材料，如聚丙烯功能材料、聚乙烯功能材料、聚氯乙烯类功能材料等。为了检验这些功能材料配方设计是否合理，需要对材料进行各种性能检测，如光学性能、电性能、热性能、力学性能等，所以需要将改性的新材料制备成各种性能测试样条。因此，首先将聚乙烯类、聚丙烯类、聚氯乙烯类材料用模压成型方法压制成片材，再用各种形状的裁刀将其裁成测试试样，然后进行性能测试。

压制成型过程：将塑料置于金属模具的型腔内，然后闭模在加热、加压的情况下，使塑料熔融、流动，充满型腔，经适当放气、保压、冷却后，热塑性塑料就变为固体制品，形成与模腔形状一样的模制品。

三、实验原材料与仪器设备

1. 仪器设备

实验室用模压机如图 5-1 所示。

2. 模压模具

实验室模压热塑性塑料所用模具参考尺寸如图 5-2 所示。

3. 实验原材料

聚乙烯、聚丙烯、聚乙烯改性料、聚丙烯改性料、聚酯薄膜、铝箔。

图 5-1　模压机

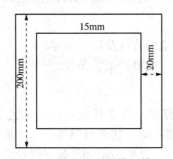

图 5-2　热塑性塑料模压模具

四、实验内容

1. 实验前准备

1）检查设备情况，无异常后方可开始实验。

2）将所用工具、物料、模具准备好。

3）称量物料，放入模具中，模具上、下放上聚酯薄膜（或铝箔）将物料与模压板隔离。

2. 实验工艺条件

根据 GB/T 9352—2008《热塑性塑料材料试样的压塑》的规定，确定聚乙烯类材料、聚丙烯类材料模压工艺条件。

（1）聚乙烯类材料模压工艺条件

180℃零压预热 5min，排气 3~5 次，5~15MPa 压力下模压 5min，5~15MPa 压力下冷却 5min，使温度达到 40℃。

（2）聚丙烯类材料模压工艺条件

230℃零压预热 5min，排气 3~5 次，5~15MPa 压力下模压 5min，5~15MPa 压力下冷却 5min，使温度达到 40℃。

（3）压机油表压力计算

成型时油表压力按公式(5-1)计算。

$$p_m = \pi D^2 p_g / 4A_m \tag{5-1}$$

式中 p_m——模压压力，MPa；

p_g——压机实际使用的液压，即表压，MPa；

A_m——制品在受力方向上的投影面积，cm^2；

D——压机主油缸活塞的直径，cm。

3．实验步骤

1）接通电源，将模压机面板上的加热开关合上。

2）根据实验物料所需设定上、中模板温度，开始升温。

3）达到设定温度后，将已加入物料的模具放在上、中模板中间位置，预热 5min。

4）预热完成后，计时器发出蜂鸣声。

5）加压排气 3~5 次，再在规定的压力和时间条件下进行模压。

6）模压完成后将模具移至中、下模板中间位置，再加压，开冷却水进行在压冷却直至温度达到 40℃。

7）冷却完成后，关闭冷却水，移出模具，把样片从模具里取出备用。

8）实验完毕，关闭面板上的开关，关闭模压机电源。

五、数据记录与处理

将实验数据记录在表 5-1 中。

表 5-1 实验数据记录表

项　　目	数值
实验原料/g	
上模板设定温度/℃	
下模板设定温度/℃	
预热时间/s	
保压时间/s	
冷却时间/s	
模压压力/MPa	
保压压力/MPa	

六、注意事项

1) 实验完毕应检查各项开关或按钮是否在关的位置,模压机应在全卸压状态(上、中模板,中、下模板完全分开)。

2) 实验前应检查卸压阀是否关闭,上、中模板和中、下模板最好在升温时关闭。

3) 不要超出模压机的柱塞行程。

4) 实验温度比较高,需戴隔热手套,小心不要烫伤。

5) 正确操作卸压、加压。

七、思考题

1) 热固性塑料如何进行模压?

2) 试分析模压工艺条件(温度、压力、冷却速率)对模压试片性能的影响。

八、参考文献

[1] 唐颂超. 高分子材料成型加工[M]. 北京:中国轻工业出版社,2013.

[2] 秦宗慧,谢林生,祁红志. 塑料成型机械[M]. 北京:化学工业出版社,2013.

[3] 张玉龙,张永侠. 塑料模压成型工艺与实例[M]. 北京:化学工业出版社,2011.

实验六 热固性塑料模压成型实验

模压成型是热固性塑料常用的一种典型成型方法。该成型方法是将热固性树脂及其填充混合料置于成型温度下的压模型腔中,借助热和压力作用,使物料熔融成可塑性流体而充满型腔,取得与型腔一致的形状后,经保压固化后获得制品。而在热固性塑料模压成型过程中,温度、压力和保压时间等工艺条件参数均会对热固性塑料模压制品性能及外观质量造成一定的影响,因此通过实验分析工艺条件对热固性塑料制品成型过程的影响具有很好的实用意义。酚醛模塑粉(以下简称酚醛粉)是一种典型常用的热固性塑料,本次实验即采用酚醛粉进行模压成型实验。

一、实验目的

1) 掌握模压成型热固性塑料的原理。

2) 了解热固性塑料模压成型的工艺控制过程。

3) 掌握理解模塑酚醛粉配方以及模压成型工艺参数对热固性塑料模压制品性能及外观质量的影响。

4）了解酚醛粉中各组分的作用以及配方原理。

二、实验原理

热固性塑料的模压成型是将缩聚反应到一定阶段的热固性树脂及其填充混合料置于成型温度下的压模型腔中，闭模施压，借助热和压力作用，使物料熔融成可塑性流体而充满型腔，取得与型腔一致的形状。与此同时，带活性基团的树脂分子产生化学交联而形成网状结构。经一段时间保压固化后，脱模，制得热固性塑料制品。

在热固性塑料模压成型过程中，温度、压力和保压时间是重要的工艺参数。三者之间既有各自的作用又相互制约，各工艺参数的基本作用和相互关系如下。

1. 模压温度

在其他工艺条件一定的情况下，在热固性塑料模压过程中，温度不仅影响热固性塑料流动性而且决定其成型过程中交联反应的速度。温度高，交联反应快，固化时间短。所以，高温有利于缩短模压周期，改善制品物理力学性能。但温度过高，熔体流动性会降低以致充模不满，或表面层过早固化而影响水分、挥发物排除，这不仅会降低制品的表观质量，在起模时还可能出现制品膨胀、开裂等不良现象。反之，模压温度过低，固化时间延长，交联反应不完善也要影响制品质量，同样会出现制品表面灰暗、粘模和力学性能降低等问题。

2. 模压压力

模压压力取决于塑料类型、制品结构、模压温度及物料是否预热等诸多因素。一般来讲，增大模压压力可增进塑料熔体的流动性、降低制品的成型收缩率，使制品更密实；压力过小会使制品带气孔的机会增多。不过，在模压温度一定时，仅仅只增大模压压力并不能保证制品内部不存在气泡，况且，压力过高还会增加设备的功率消耗，影响模具的使用寿命。

3. 模压时间

模压时间，是指压模完全闭合至启模这段时间。模压时间的长短也与塑料类型、制品形状、厚度、模压工艺及操作过程密切相关。通常随制品厚度增大，模压时间相应增长。适当增长模压时间，可减少制品的变形和收缩率。采用预热、压片、排气等操作措施及提高模压温度都可缩短模压时间，从而提高生产效率。但是，倘若模压时间过短，固化不完全，起模后制品易翘曲、变形或表面无光泽，甚至影响其物理力学性能。除此之外，塑料粉的工艺性能、模具结构和表面粗糙度等都是影响制品质量的重要因素。实验时酚醛塑料模压成型工艺条件可参考表6-1。

表 6-1　酚醛塑料模压成型工艺条件

试样类别	预热条件		模压条件		
	温度/℃	时间/min	温度/℃	压力/MPa	时间/min
电气	135～150	3～6	160～165	25～35	6～8
绝缘 V165	150～160	6～10	150～160	25～35	6～10
绝缘 V1501	140～160	4～8	155～165	25～35	6～10
高频	150～160	5～10	160～170	40～50	8～10
高电压	155～165	4～10	165～175	40～50	10～20
耐酸	120～130	4～6	150～160	25～35	6～10
耐热	120～150	4～8		25～35	6～10
冲击 J1503	125～135	4～8		25～35	6～10
冲击 J8603	135～145	4～8		25～35	6～10

注：板材厚度为 3.5～10mm，厚度小，压制工艺参数取较小值。

　　"试样类别"是指适用于不同工作场合(环境)需求的试样。

三、实验原材料与仪器设备

1. 仪器设备

250kN 平板硫化机：1 台；

压模模具：1 台；

普通天平：1 台；

其他用品(脱模剂、铜刀、石棉手套等)：若干。

2. 实验原材料

酚醛树脂(或其改性树脂)与填料及其他添加剂所组成的热固性酚醛粉。

本实验采用酚醛树脂配方见表 6-2。

表 6-2　实验用酚醛树脂模塑粉配方　　　　　　　　　质量份

原 材 料	用 量	原 材 料	用 量
酚醛树脂	100	硬脂酸锌	1.5
六次甲基四胺	13	炭黑	0.6
轻质氧化镁	3	云母	100
硬脂酸镁	2		

四、实验步骤

1. 准备工作

(1) 计算酚醛粉量和压力表指数值

根据制品尺寸以及使用性能，参照表 6-1，拟定模压温度、压力和时间等工艺条件，由模具型腔尺寸和模压压强分别计算出所需的酚醛粉量 m 和压力表指数值。酚醛粉量 m 计算公式见式(6-1)：

$$m = \rho V \tag{6-1}$$

式中　ρ——制品密度，g/cm³；

　　　V——制品体积，cm³。

压力表指示数值计算公式见式(6-2)：

$$P = \frac{P_0 A \times F_{\max}}{N_{机} \times 10^3} \tag{6-2}$$

式中　P——压力表读数，kN；

　　　P_0——模压压力，MPa；

　　　A——模具投影面积，cm²；

　　　$F_{\max}$——硫化机最大工作压力，kN；

　　　$N_{机}$——硫化机公称压力，kN。

（2）酚醛粉配制

按表 6-2 配方称量，将各组分放入混合器中，搅拌 30min 后，将酚醛粉装入塑料袋中备用。必要时，按规定对酚醛粉进行预热。

2. 压制成型

1）接通平板硫化机电源，旋开控制面板上的加热开关，温度显示仪表亮，仪器开始加热升温。根据实验要求，设置实验温度为预热温度，并把模具置于加热板上预热。按上面公式计算结果将压力表的上限压力调到要求的范围之内。

2）模具预热 15min 后，将上、下模板脱开，用棉纱擦拭干净并涂以少量脱模剂。随即把已计量好的塑料粉加入模腔内，堆成中间高的形式，合上上模板，将模具再置于硫化机热板中心位置。设置实验温度为模压温度。

3）开动硫化机加压，使压力表指针指示到所需工作压力，经 2~7 次卸压放气后，在模压温度和模压压力下保压。

4）按实验要求保压一定时间后，卸压，取出模具，开模取出制品，用铜刀清理干净模具并重新组装待用。

3. 实验工艺条件

按不同工艺条件，重复上述操作过程，进行模压实验。具体如下：

1）酚醛粉不预热，模压温度 160℃，模压压力 25MPa，保压 5min。

2）酚醛粉在 130℃预热，模压温度 160℃，模压压力 25MPa，保压 5min。

3）酚醛粉在 130℃预热，模压温度 160℃，模压压力 30MPa，保压 5min。

4）酚醛粉在 130℃预热，模压温度 150℃，模压压力 25MPa，保压 5min。

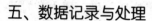

五、数据记录与处理

1. 数据记录

记录下列实验内容或数据：

1）原料牌号、规格、生产厂家名称；

2）计算酚醛粉用量及表压值；

3）模具结构尺寸；

4）模压工艺条件；

5）制品外观记录。

2. 数据处理

对比分析模压工艺条件与制品质量之间的关系并撰写实验报告，具体内容如下：

1）实验目的和实验原理；

2）实验仪器、原材料名称、型号；

3）实验条件、实验操作步骤；

4）实验结果表述；

5）实验现象记录及原因分析；

6）解答思考题。

六、注意事项

1）未经老师同意，不得操作和触动仪器的各个部分。

2）清理模具时，用规定工具清理，不能用其他硬物刮。

3）实验操作人员必须戴手套，以防止烫伤。

4）实验结束后，清理工具，打扫卫生。

七、思考题

1）热固性塑料模压过程中为什么要进行排气？

2）简述热固性塑料其模压过程与热塑性塑料的模压成型有何区别。

3）简述酚醛模塑粉中各组分的作用。

八、参考文献

[1] 梁坤，李荣勋，刘光烨. 常用热固性塑料及其成型技术[M]. 杭州：浙江科学技术出版社，2004.

[2] 张玉龙，张永侠. 塑料模压成型工艺与实例[M]. 北京：化学工业出版社，2011.

第五节　发泡成型实验

实验七　EVA塑料发泡成型

EVA(乙烯-醋酸乙烯共聚物)泡沫塑料是以EVA树脂为基体而内部具有无数微小气孔的塑料制品，气相的存在使得EVA泡沫塑料具有密度低、比强度高、隔热保温、吸音、防震等优点，在土木建筑、绝热工程、车厢材料、包装防护、体育及生活器材方面有着良好的应用前景。

一、实验目的

1) 掌握生产EVA泡沫塑料的基本原理，了解EVA泡沫塑料的生产方法。
2) 了解发泡机理及过程。
3) 掌握原料配方中各组分的作用及配方对工艺条件和制品性能的影响。

二、实验原理

EVA是乙烯和醋酸乙烯的无规共聚物，它的性质随着VA(醋酸乙烯)含量的变化而变化：即VA含量越小，其共聚物的性质越接近PE(聚乙烯)；VA含量越大，其共聚物的性质越接近橡胶。对于塑料制品而言，VA含量约为10%~20%。

EVA泡核产生的方法可分为物理发泡法和化学发泡法，本实验采用后者。EVA发泡配方一般由以下几种原料构成：主料、填充剂、发泡剂、交联剂、发泡促进剂、润滑剂。

主料：EVA和EVA/PE。为了改善产品的物理性能，还可以适当添加一些比如橡胶、POE等其他材料。

发泡剂：发泡剂AC(偶氮二甲酰胺)是最常用的高温发泡剂之一。发泡剂AC分解时放出N_2、CO_2和少量的NH_3，分解后的残渣为白色；且具有分解时无臭、放热量较小、分散性好、气体不易从泡体中逸出等优点。其分解温度较高，可以通过添加活化剂把分解温度从220℃降低到150~190℃。

填充剂：目前一般用碳酸钙或者滑石粉。它的用途在于降低成本，增加产品刚性等，还兼具导热作用。

发泡促进剂：目前使用较多的是氧化锌和硬脂酸锌，可以单一使用，也可复配使用。氧化锌能使AC的分解温度降低到160℃左右，便于生产。一般氧化锌用量不超过1份(母料EVA按100份计算)，过多会增加产品收缩，过少影响发泡速率。

交联剂：也称架桥剂，EVA发泡最常用的交联剂为DCP(过氧化二苯甲酰异丙苯)交联剂，其分解温度为120~125℃。一般开炼时，温度尽量控制在120℃以下。DCP的用量，在平板发泡和模内小发泡中，一般用0.5~0.6份，射出发泡中一般用0.8~1.0份。

润滑剂：一般使用硬脂酸，推荐用量为0.5份。

三、实验原材料与仪器设备

1. 仪器设备

双辊开炼机、温度计、密炼机、平板硫化机、溢式压模、电子天平、整形钢板、泡沫测厚仪、万能试验机、邵氏硬度计。

2. 实验原材料

EVA(VA含量10%~20%)；DCP，交联剂，工业一级品；AC，发泡剂，工业一级品；氧化锌(ZnO)，化工一级品；硬脂酸锌(ZnSt)，化工一级品；硬脂酸，化工一级品。EVA泡沫塑料配方见表7-1。

表7-1　EVA泡沫塑料配方　　　　　　　　　　　　　质量份

原料名称	EVA	AC	DCP	ZnO	ZnSt	硬脂酸
组分用量	100	10	0.5	0.8	1.0	0.5

四、实验工艺流程

EVA交联发泡工艺流程如图7-1所示。

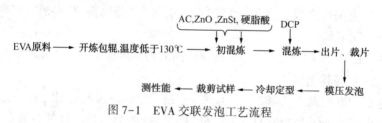

图7-1　EVA交联发泡工艺流程

五、实验步骤

1) 配料。称取EVA 50g，按上述配方计算并称取各种助剂。

2) 开炼包辊。先将开炼机辊筒预热至设定温度(110~120℃，前辊略高于后辊)，调整好辊距(0.5~1.5mm)，开动机器，将EVA塑料塑炼数次包辊。

3) 混炼、制备可发性片材。包辊后，依次加入称量好的硬脂酸、ZnO、ZnSt、AC发泡剂，混炼时间3~5min；然后加入交联剂DCP，混炼均匀后得到发泡用的片坯，调整辊距出片；将片坯冷却，根据模具型腔尺寸大小裁剪成大小适宜的可发性片材，备用。

4）模压发泡成型。先将平板硫化机上下模板预热至设定温度（170℃），然后将叠合好的可发性片材置于模具中加热、加压（实际压力 5~10MPa），保压 15min 后，冷却定型即得制品。

5）制品性能测试：

① 观测制品外观状态，观察气孔大小、是否均匀。

② 测定制品表观总密度，按照 GB/T 6343—2009 执行。

③ 利用泡沫测厚仪测量泡沫片材的厚度。

④ 利用硬度计测量泡沫片材的硬度。

⑤ 按照 GB/T 1040—2018，测量制品拉伸强度及断裂伸长率。

六、实验结果与报告

记录以下实验内容：

1）EVA 泡沫塑料各组分的实际用量。

2）记录 EVA 泡沫的外观、密度、厚度、硬度以及拉伸强度和断裂伸长率。

七、注意事项

1）严格控制发泡温度。

2）注意模压发泡时，加料量不能太多，已免发泡时造成溢料太多。

八、思考题

1）简述影响 EVA 模压发泡制品性能的因素。

2）分析 EVA 发泡形成"粗孔"的原因。

九、参考文献

［1］张玉龙.泡沫塑料加工 350 问［M］.北京：中国纺织工业出版社，2011.

［2］范良彪，陈秋生.HDPE/EVA 共混发泡材料的研究［J］.冶金与材料，2018，38（06）：76-78.

［3］陈厚.高分子材料加工与成型实验［M］.2 版.北京：化学工业出版社，2018.

实验八　聚氨酯硬泡塑料的制备

聚氨酯硬泡塑料一般为室温发泡，成型工艺比较简单。按施工机械化程度可分为手工发泡和机械发泡。根据发泡时的压力可分为高压发泡和低压发泡。按成型方式可分为浇注发泡和喷涂发泡。浇注发泡是聚氨酯硬泡塑料常用的成型方法，即将各种原料混合均匀后，注入模具或制件的空腔内发泡成型。聚氨酯硬泡塑料的浇注成型可采用手工发泡或机械发泡，机械发泡可采用间歇法及连续法发泡方式。机械浇注发泡的原理和手工发泡相似，差别在于手工发泡是将各种原料依次称入容器中，搅拌混合；而机械浇注发泡则是由计量泵按配方比例连续将原料输入发泡机的混合室快速混合。

一、实验目的

1）了解制备聚氨酯硬泡塑料的反应原理。

2）掌握聚氨酯硬泡塑料的制造工艺。

二、实验原理

本实验使用聚醚与异氰酸酯扩链生成预聚体，并利用水和异氰酸酯的反应来发泡并进一步延长分子链，最终生成多孔的发泡塑料。聚氨酯泡沫塑料的软硬取决于所用的羟基聚醚或聚酯，使用较高相对分子质量及相应较低羟值的线型聚醚或聚酯时，得到的产物交联度较低，制得的是线性聚氨酯，为软质泡沫塑料；若用短链或支链的多羟基聚醚或聚酯，所得聚氨酯的交联密度高，为硬质泡沫塑料。聚氨酯泡沫塑料的合成可分为三个方面。

1. 预聚体的合成

由二异氰酸酯单体与聚醚反应生成含异氰酸酯端基的聚氨酯预聚体。

$$OCN-R-NCO + HO \sim\sim\sim OH \longrightarrow OCN-R-NH-\overset{\overset{\displaystyle O}{\|}}{C}-O \sim\sim\sim O-\overset{\overset{\displaystyle O}{\|}}{C}-NH-R-NCO$$

2. 发泡与扩链

在预聚体中加入适量的水，异氰酸酯端基与水反应生成氨基甲酸，随机分解生成一级胺与 CO_2，放出的 CO_2 气体上升膨胀，在聚合物中形成气泡，并且生成的一级胺可与聚氨酯、二异氰酸酯进一步发生扩链反应。

$$\sim\sim\sim NCO + H_2O \longrightarrow \left[\sim\sim\sim NH-\overset{\overset{\displaystyle O}{\|}}{C}-OH \right] \longrightarrow \sim\sim\sim NH_2 + CO_2 \uparrow$$

$$\sim\sim\sim NH_2 + \sim\sim\sim NCO \xrightarrow{\text{扩链}} \sim\sim\sim NH-\overset{\overset{\displaystyle O}{\|}}{C}-NH \sim\sim\sim$$

3. 交联固化

游离的异氰酸酯基与脲基上的活泼氢反应，使分子链发生交联形成体型网状结构。如平均官能度 2.6 的粗 MDI（二苯基甲烷二异氰酸酯）与官能度为 3 的甘油聚醚醇反应，形成了交联的体型结构聚氨酯，结构式如下：

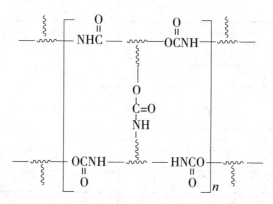

三、实验原材料与仪器设备

1. 仪器设备

平板硫化机：1台；

万能材料试验机：1台；

硬度计：1台；

密度计：1台；

模具：1套；

电子天平：1台。

2. 实验原材料

异氰酸酯（黑料）、组合聚醚（白料，主要由聚醚单体、匀泡剂、交联剂、催化剂、发泡剂等多种组分组合而成）。

四、实验步骤

1）原料配制。取两个烧杯，按照表8-1中黑白料的用量分别称取异氰酸酯和组合聚醚。

2）手工浇注。迅速将两个烧杯的黑白料搅拌混合均匀，手工注入模具中，模具刷少许脱模剂，迅速将模具置于平板硫化机中，在40~50℃加压保温10min。

3）待发泡完毕后，开模取出硬泡制品，用锯子或刀片将泡沫裁成一定的形状，测量其密度和硬度。

五、数据记录与处理

根据表8-1，选择一个配方，测试产品的密度、硬度，并记录。

表8-1 聚氨酯硬泡塑料配方及产品性能记录

序号	黑料/g	白料/g	密度/(g/cm³)	硬度（HRA）
1	100	100		

续表

序号	黑料/g	白料/g	密度/(g/cm³)	硬度(HRA)
2	110	90		
3	90	110		
4	120	80		
5	80	120		
6	130	70		
7	70	130		
8	140	60		
9	60	140		

六、注意事项

1) 黑料与白料混合后，立刻将其搅拌均匀。发现泡沫开始生长时，就可以停止搅拌。

2) 注意不要将原料洒在实验台上，这将很难清理。

七、思考题

1) 写出合成聚氨基甲酸酯的反应方程式。

2) 切开所制得的泡沫塑料，观察泡孔分布的情况，试讨论影响泡孔大小和分布均匀程度的各种因素。

八、参考文献

[1] 袁帅，谢兴益. 环境友好的二氧化碳系聚氨酯硬泡发泡技术浅谈[J]. 聚氨酯工业，2019，34(6)：40-42.

[2] 代月，李新月，仇艳玲，等. 环境友好型硬质聚氨酯泡沫塑料的研究进展[J]. 广州化工，2018，46(19)：23-26.

[3] 刘益军. 聚氨酯树脂及其应用[M]. 北京：化学工业出版社，2012.

[4] 陈鼎南，陈童. 聚氨酯制品生产手册[M]. 北京：化学工业出版社，2014.

第六节　薄膜吹塑成型实验

实验九　PE薄膜吹塑成型实验

聚乙烯(polyethylene，简称PE)是乙烯经聚合制得的一种热塑性树脂。聚乙烯可用一般热塑性塑料的成型方法加工，其用途十分广泛，主要用来制造薄膜、包装材料、容器、管道、单丝、电线电缆、日用品等，并可作为电视、雷达等的高频绝缘材料。其中，PE膜广泛用于食品包装、农业生产等行业，吹塑成型是塑料薄膜的主要成型方法之一。本次实验采用PE进行薄膜吹塑成型，并对影响薄膜质量的因素进行分析。

一、实验目的

1）了解挤出机、挤出吹膜机组构成及吹塑薄膜生产工艺过程。

2）掌握挤出吹膜机组的操作。

3）掌握成型工艺参数的作用及其对PE薄膜质量的影响。

4）掌握PE薄膜吹塑成型工艺的控制要点。

二、实验原理

薄膜吹塑是生产塑料薄膜的一种主要方法。薄膜吹塑也称平折膜管挤塑或吹胀薄膜挤塑。其原理是将塑料加入挤出机中经熔融后自前端口模的环形间隙中挤出呈圆筒(管)状，由机头之芯棒中心孔处通入压缩空气，把圆筒状塑料吹胀呈泡管状(一般吹胀2~3倍)，此时塑料纵横间都有伸长，可获得一定吹胀倍数的泡管状塑料，用外侧风环冷却(有时也附加内冷)，然后送入导向夹板和牵引夹辊把泡管压扁，阻止泡管内空气漏出以维持所需恒定吹胀压力，压扁的泡管即成平折双层薄膜，其宽度通常称为折径。薄膜在牵引辊作用下连续进行纵向牵伸，以恒定的线速度进入卷取装置被卷成制品。此时，牵引辊同时也是压辊，因为牵引辊完全压紧吹胀了的圆筒形薄膜，使空气不能从挤出机头与牵引辊之间的圆筒形薄膜内漏出来，这样膜管内空气量就恒定，从而保证薄膜具有一定的宽度。

聚乙烯是乙烯经聚合制得的一种热塑性树脂，可用一般热塑性塑料的成型方法加工，其用途十分广泛。聚乙烯根据聚合方法、相对分子质量高低、链结构之不同，分为高密度聚乙烯(HDPE)、低密度聚乙烯(LDPE)及线型低密度聚乙烯。低密度聚乙烯俗称高压聚乙烯，因密度较低，材质最软，主要用在塑胶袋、农业用膜等。高密度聚乙烯俗称低压聚乙烯，与 LDPE 及线型低密度聚乙烯相比较，有较高之耐油性、耐蒸汽渗透性、抗环境应力开裂性和耐高温性，此外电绝缘性和抗冲击性及耐寒性能很好，主要应用于吹塑、注塑等领域。

三、实验原材料与仪器设备

1. 仪器设备

吹膜主机：1台；

吹膜机组(含辅机及螺旋吹膜机头)：1台(套)；

空气压缩机：1台；

熔体流动速率测定仪：1台；

拉伸试验机：1台；

测厚仪：1台；

其他用品(钢尺、铜棒、石棉手套等)：若干。

2. 实验原材料

本实验选用熔体流动速率(MFR)在 1.5~7.0 范围内的低密度聚乙烯。

四、实验步骤

1. 测定原料有关数据

利用熔体流动速率测定仪测量 PE 熔体流动速率。

2. 挤出吹塑薄膜

本实验在吹膜主机(参考型号 SJ 30×25)和吹膜机组(参考型号 SJ FM-500)上进行。吹膜操作规程如下：

1) 按照挤出吹膜机组的操作规程，检查机组各部分的运转、加热和冷却是否正常。

2) 根据聚乙烯的熔体流动速率，初步确定挤出温度范围，进行机台预热，预热温度为 125~145℃。当各段预热达到要求温度时，应对机头部分衔接螺栓等再次检查并趁热拧紧。保温 15~20min，以便加料。

3) 开机。在开机前用手拉动传动皮带，证实螺杆可以正常转动后方可开动电机，并在料斗中加入适量物料，使其顺利挤出。将通过机头的熔体集中在一起，使其通过风环，同时通入少量压缩空气，以防其相互黏在一起。然后将管泡喂入夹辊，通过夹辊的管泡被压成折膜，再通过导辊送入卷取。半管泡喂辊后，再将压缩空气通入管泡进行吹胀，直至达到要求的幅宽为止。由于管泡中的空气被夹辊所封闭，几乎不渗漏出空气，因此在管泡中保持着恒定的压力。

4) 调整。薄膜的厚薄公差可通过模唇间隙、冷却风环风量以及牵引速度的调整而得到纠正，薄膜的幅宽公差主要通过充气吹胀大小来调节。

5）取样。当调整完毕，薄膜幅宽、厚度等达到要求后取样。改变机身温度、机头温度、螺杆转速、牵引速度、风环风量等工艺条件再分别取样。

3. 薄膜性能检验

对薄膜尺寸及外观质量检验，并将薄膜试样拉伸强度、断裂伸长率、直角撕裂强度进行测试，验证实验原料选择、工艺条件设置的合理性。

五、数据记录与处理

1. 数据记录

记录下列实验内容或数据：

1）原料牌号、规格、生产厂家名称；

2）列表写出挤出吹膜机组的技术参数；

3）列表写出操作工艺条件及制品的物理力学性能。

2. 数据处理

分析原料、工艺条件对薄膜的物理力学性能的影响并撰写实验报告，具体内容如下：

1）实验目的和实验原理；

2）实验用仪器、设备、原材料名称及型号；

3）实验工艺条件、操作步骤；

4）实验结果表述；

5）实验现象记录及原因分析；

6）解答思考题。

六、注意事项

1）熔体被挤出之前，操作者不得处于口模的前方。

2）操作过程中严防金属杂质、小工具等物落入进料口中，以免损伤螺杆。

3）清理螺杆、口模或模具时，必须采用铜棒、铜刀或压缩空气管工具，严禁使用硬金属制的工具（如三角刮刀、螺丝刀等）清理。

4）实验操作人员必须戴手套，以防止烫伤。

5）实验结束后，清理工具，打扫卫生。

七、思考题

1）如何控制 PE 薄膜的厚薄均匀度？

2）影响薄膜卷取不平整的因素是什么？如何解决？

3）影响 PE 薄膜的工艺参数主要有哪些？对薄膜质量有何影响？

八、参考文献

［1］徐百平. 塑料挤出成型技术［M］. 北京：中国轻工业出版社，2011.

［2］于丁．吹塑薄膜［M］．北京：中国轻工业出版社，1987．

［3］李娇妍．聚乙烯吹塑薄膜质量控制分析［J］．当代化工研究，2017，（11）：44-45．

［4］刘晶如，黄文艳．塑料吹塑薄膜工艺实验中的注意点及应对措施［J］．高师理科学刊，2019，39(9)：96-99．

第七节 压延成型实验

实验十 PVC塑料压延成型实验

压延是一种制造大体积和高质量产品的特殊的生产过程,主要用于生产PVC膜和片材。压延制品广泛地用作农业薄膜、工业包装薄膜、室内装饰品、地板、录音唱片基材以及热成型片材等。薄膜与片材之间的区分主要在于厚度,以0.25mm为分界线,薄者为薄膜,厚者为片材。

一、实验目的

1)了解压延机的工作原理。

2)能进行相关的工艺参数设定和调节。

3)掌握PVC的压延成型工艺技术。

二、实验原理

压延成型是生产塑料薄膜和片材的主要方法。它是借助辊筒间产生的剪切力,使已经塑化好的接近黏流温度的热塑性塑料承受挤压和延展作用,而使其成为规定尺寸的连续片状制品的成型方法。用作压延成型的塑料大多数是热塑性非晶态塑料,其中以聚氯乙烯用得最多,另外还有聚乙烯、ABS(丙烯腈-丁二烯-苯乙烯共聚物)、聚乙烯醇、乙酸乙烯酯和丁二烯的共聚物等塑料。物料在压延辊筒间隙的压力分布如图10-1所示。

三、实验原材料与仪器设备

1. 实验原材料

聚氯乙烯树脂(PVC):100份;

有机锡(TM-181FS):1.5份;

环氧大豆油(ESO):3.0份;

亚磷酸-苯二异辛酯(PDOP):0.3份;

硬脂酸锌(ZnSt):0.1份;

硬脂酸(HSt):0.4份;

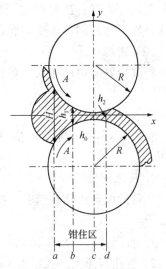

图10-1 物料在两辊间
受到挤压时的情况

a—始钳住点;b—最大压力钳住点;
c—中心钳住点;d—终钳住点

硬脂酸钙(CaSt)：0.2 份；

ACR(甲基丙烯酸甲酯/丙烯酸酯共聚物)树脂：1.0 份；

抗冲改性剂 MBS(苯乙烯/甲基丙烯酸甲酯/丁二烯共聚物)树脂：5 份；

甘油偏脂肪酸酯 ZB-74：1.0 份。

2. 仪器设备

高速混合机、密炼机或挤出机、压延机、引离装置、切割装置、牵引装置。

四、实验步骤

整个压延过程可分为两个阶段，即供料阶段(包括塑料各组分的捏合、塑化、供料等)和压延阶段(包括压延、牵引、刻花、冷却定型、输送以及切割、卷取等工序)。

1. 供料阶段

(1) 混合

将 PVC 树脂加入混合机中，开动混合机低速旋转；先加入固体的稳定剂和润滑剂，1min 后，加入液体的稳定剂和润滑剂；50℃时，加入加工改性剂，后调速至高速旋转；达到 80℃，加入剩余物料，达到 110~120℃时，将混合机降为低速旋转，然后卸料至冷却混合器进行冷却搅拌待料温下降到 50℃以下时放料。

(2) 密炼

将混合好的物料加入密炼机中塑化，密炼温度为 160~170℃，密炼 5min 后出料。

(3) 开炼成片料

将密炼好的物料在双棍开炼机上开炼，开炼温度 160℃，拉成片状出料备用。

2. 压延阶段

压延阶段含压延、牵引、扎花、冷却、卷取、切割等工序。压延操作工艺条件如下：

1) 辊温：$T_{辊Ⅲ} \geq T_{辊Ⅳ} > T_{辊Ⅱ} > T_{辊Ⅰ} > T_f$，辊间温差控制在 5~10℃。

2) 辊速与速比：线速度 $V_{辊Ⅲ} > V_{辊Ⅳ} > V_{辊Ⅱ} > V_{辊Ⅰ}$，速比 1：1.05~1：1.25。

3) 辊筒间距：对四辊压延机，要求沿物料前进方向各组辊筒间距越来越小。为使制品结构紧密、压延顺利，要求辊筒间距：$h_{01-2} > h_{02-3} > h_{03-4} =$制品厚度。

4) 引离(拉伸)、冷却、卷曲速率：$V_{辊(卷曲)} \geq V_{辊(冷却)} > V_{辊(引离)} > V_{辊Ⅲ}$。

压延操作步骤如下：

1) 检查压延机的辊隙和加热油箱的润滑油，当油温到 50~60℃时停止加热，开启油阀对轴承润滑。

2) 低速启动辊筒电机，调整各辊速比；在辊筒转动情况下，辊筒升温 1℃/

min，并经常检查加热系统和测量辊筒表面温度。

3）调整辊距到接近生产用间隙，辊筒上料；先在辊Ⅰ和辊Ⅱ中加料，供料正常后，根据物料包辊情况，适当调节各辊的温度及速比直至包辊运行正常。

4）按照制品厚度尺寸精度要求，微调辊距，调整辅助设备，使制品的厚度尺寸精度控制在要求范围内。一切调整正常后，制品连续进行生产。

3. 检查

经常检查排放气系统空气过滤器中的积水和杂物。

五、数据记录及处理

记录高速混合机、密炼机、压延机的工艺参数。记录物料配方的实际用量。观察并记录最终产品表面质量情况，如有无毛糙、有无白点、有无气泡等。测量产品的平均厚度。

六、注意事项

1）辊距的调整按规定必须在投料以后才能进行；如需调距，应辊筒两段同步进行，以免辊筒偏斜受损。

2）需经常观察轴承油温、各仪器仪表的指示是否正常，设备有无异常声响、振动等。

七、思考题

1）压延成型辊筒的排列方式有哪几种？辊筒排列的原则是什么？

2）压延成型的工艺流程是什么？

3）影响压延产品质量的因素有哪些？

八、参考文献

[1] 陈厚．高分子材料加工与成型实验[M]．2版．北京：化学工业出版社，2018.

[2] 陈春添．聚氯乙烯的压延加工及其改进[J]．塑料工业，2005，33（5）：130-133.

第八节　橡胶配合与硫化实验

实验十一　天然橡胶的塑炼、混炼

橡胶具有高弹性，但生胶因黏度过高或质地不均而难于混炼和进行后续加工。塑炼是经过适当的加工使生胶由强韧的高弹性状态转变为柔软而富有可塑性的状态，提高生胶可塑性和均匀性。混炼是用炼胶机将生胶或塑炼生胶与配合剂炼成混炼胶的工艺，是橡胶加工最重要的生产工艺，从本质上来说是配合剂在生胶中均匀分散的过程。本实验采用开炼机对天然橡胶进行塑炼和混炼，帮助学生了解橡胶塑炼、混炼工艺指标，掌握开炼机炼胶技术。

一、实验目的

1）掌握天然橡胶塑炼、混炼加工全过程。

2）了解塑炼混炼主要机械设备，如开炼机、平板硫化机的基本结构等，掌握这些设备的操作方法。

二、实验原理

1. 天然橡胶的塑炼

天然橡胶是线型的高分子，在常温下处于高弹态，不利于成型加工。塑炼指把具有弹性的生胶转变成可塑性胶料的工艺过程，可使生胶获得一定的可塑性，从满足加工的要求；同时使生胶的可塑性均匀化，以便各种配合剂在胶料中分散均匀。塑炼中生胶可塑度的提高是通过平均相对分子质量的降低来获得的，其实质是橡胶分子链断裂的过程。影响橡胶分子链断裂的因素有：机械作用、氧的作用、塑解剂的作用、温度的影响。塑炼方法可分为机械塑炼法和化学塑炼法，其中机械塑炼法应用最广泛，其实质是力化学反应过程。机械塑炼过程中，机械力和氧相辅相成，机械力使大分子链断裂，氧对橡胶分子起化学降解作用。

本实验选用开炼机对天然橡胶进行机械塑炼，生胶被置于开炼机两个相向转动的滚筒间歇中，在常温下（小于50℃）反复受机械力作用最终降解，天然橡胶由原来的高弹态变为柔软可塑态。

2. 天然橡胶的混炼

混炼就是将各种配合剂与塑炼胶在机械作用下混合均匀，制成混炼胶的过程。其关键是使各种配合剂能完全均匀地分散在橡胶中，保证胶料的组成和各种性能均匀一致。本实验在开炼机上进行，为取得性能均一的混炼胶，除了控制辊距和辊温之外，必须控制加料次序：量少难分散的配合剂首先加到塑炼胶中，让其有较长的时间分散；量多易分散的配合剂后加；硫化剂或硫化促进剂最后加入，因为一旦加入硫化剂，便可能发生硫化反应，过长的混炼时间将会使胶料焦烧，不利于其后的成型和硫化工序。

三、实验原材料与仪器设备

1. 仪器设备

开炼机结构如图 11-1 所示。

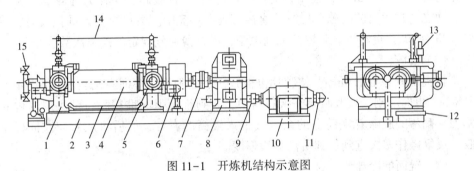

图 11-1　开炼机结构示意图

1—机架；2—底座；3—接料盘；4—辊筒；5—调距装置；6—速比齿轮；7—齿形联轴器；
8—减速器；9—弹性联轴器；10—电动机底座；11—电动机；12—润滑系统；13—液压保护装置；
14—事故停机装置；15—辊筒温度调节装置

2. 实验原材料

实验所用配方见表 11-1。

表 11-1　天然橡胶基本配方　　　　　　　　　　　　　　　质量份

项　　　目	用　　　量
天然橡胶(NR)	100
ZnO	5.0
硬脂酸	1.8
硫黄	2.5
促进剂 CZ	1.5
促进剂 DM	0.5
防老剂 MB	1.0
微晶蜡	1.4
炭黑	50

四、实验步骤

1. 生胶塑炼

（1）破胶

调节辊距至 1.5mm，以防损坏设备。生胶碎块依次连续投入两辊之间，不宜中断，以防胶块弹出伤人。

（2）薄通

将辊距调到 0.5mm，辊温控制在 45℃ 左右。将破碎胶块在大牙轮的一端加入，使之通过辊筒的间隙，使胶片直接落到接料盘中。当辊筒上无堆积胶时，将胶片扭转 90°，重新投入到辊筒的间隙中，继续薄通到规定的薄通次数为止。

（3）捣胶

将辊距放宽至 1.0mm，使胶片包辊后，手握割刀从左向右割至右边缘（不要割断），再向下割，使胶料落在接料盘中，直到辊筒上的堆积胶将消失时才停止割刀。割落的胶随着辊筒上的余胶被带入辊筒的右方，然后再从右向左同样割胶。反复操作多次直到达到所需塑炼程度。

（4）辊筒的冷却

由于辊筒受到摩擦生热，辊温要升高，应经常以手触摸辊筒，若感到烫手，则适当通入冷却水，使辊温下降，并保持不超过 50℃。

2. 生胶混炼

（1）调温

调节辊筒温度至 50~60℃ 之间。

（2）包辊

将塑炼胶置于辊缝间，调整辊距使塑炼胶既包辊又能在辊缝上部有适当的堆积胶。经 2~3min 的辊压、翻炼后，使之均匀连续地包裹在前辊上，形成光滑无隙的包辊胶层。取下胶层，放宽辊距至 1.5mm，再把胶层投入辊缝使其包于后辊，然后准备加入配合剂。

（3）吃粉

不同配合剂需按以下顺序分别加入：固体软化剂—促进剂、防老剂和硬脂酸—氧化锌—补强剂和填充剂—液体软化剂—硫黄。吃粉过程中，每加入一种配合剂后都要捣胶两次。在加入填充剂和补强剂时要让粉料自然地加入胶料中，使之与橡胶均匀接触混合，而不必急于捣胶；同时还需逐步调宽辊距，使堆积胶保持在适当的范围内。待粉料全部吃进后，由中央处割刀分往两端，进行捣胶操作，促使混炼均匀。

（4）翻炼

在加硫黄之前和全部配合剂加入后，将辊距调至 0.5~1mm，通常用打三角包、打卷或折叠等方式对胶料进行翻炼 3~4min，待胶料的颜色均匀一致、表面光滑即可下片。

（5）胶料下片

混炼均匀后，将辊距调至适当大小，胶料辊压出片。测试硫化特性曲线的试片厚度为 5~6mm，模压胶板厚度为 2mm。下片后注明压延方向。胶片需在室温下冷却停放 8h 以上方可进行硫化。

（6）炼胶的称量

按配方的加入量，混炼后胶料的最大损耗为总量的 0.6% 以下，若超过这一数值，胶料应予以报废，须重新配炼。

五、实验结果与记录

1）原材料名称：＿＿＿＿＿＿＿＿＿＿＿＿＿＿＿＿＿＿＿＿＿；

2）原材料实际用量：＿＿＿＿＿＿＿＿＿＿＿＿＿＿＿＿＿＿＿；

3）胶料混炼时滚筒温度：＿＿＿＿＿＿＿＿＿＿＿＿＿＿＿＿＿；

4）胶料混炼时间：＿＿＿＿＿＿＿＿＿＿＿＿＿＿＿＿＿＿＿＿；

5）胶料混炼后放置时间：＿＿＿＿＿＿＿＿＿＿＿＿＿＿＿＿＿；

6）实验仪器（型号）：＿＿＿＿＿＿＿＿＿＿＿＿＿＿＿＿＿＿＿。

六、注意事项

1）使用开炼机时，女生必须把长发盘起，混炼禁止戴手套。

2）遇到危险时，应立即启动安全开关，停止辊筒转动。

3）辊筒旋转时，手不能接近辊筒缝隙处，双手尽量避免越过辊筒水平中心线上部。

七、思考题

1）天然橡胶生胶、塑炼胶、混炼胶机械性能和结构有何不同？

2）生胶塑炼温度、时间和开炼机辊距对塑炼效果有何影响？

3）混炼时间、温度和加料次序对混炼胶质量有何影响？

八、参考文献

［1］杨清芝．实用橡胶工艺学［M］．北京：化学工业出版社，2005.

［2］韩哲文．高分子科学实验［M］．上海：华东理工大学出版社，2005.

实验十二　天然橡胶的硫化

硫化是混炼胶料在一定条件下，橡胶分子由线型结构转变成网状结构的交联过程，即将具有塑性的胶料转变成具有弹性的硫化胶的过程。本实验采用硫化仪对天然橡胶混炼胶进行硫化，帮助学生了解橡胶硫化仪的结构原理及操作方法和橡胶硫化历程。

一、实验目的

1）理解橡胶硫化特性曲线测定的意义。

2）了解橡胶硫化仪的结构原理及操作方法。

3）掌握橡胶硫化特性曲线测定和正硫化时间确定的方法。

二、实验原理

硫化是在一定温度、压力和时间条件下使橡胶大分子链发生化学交联反应的过程。硫化是橡胶制品生产中最重要的工艺过程，在硫化过程中，橡胶经历了一系列的物理和化学变化，其物理机械性能和化学性能得到了改善，使橡胶材料成为可用的材料，因此硫化对橡胶及其制品是十分重要的。

橡胶在硫化过程中，其各种性能随硫化时间的增加而变化。橡胶的硫化历程可分为焦烧、预硫、正硫化和过硫四个阶段，如图 12-1 所示。

焦烧阶段又称硫化诱导期，是指橡胶在硫化开始前的延迟作用时间，在此阶段胶料尚未开始交联，胶料在模型内有良好的流动性。对于模型硫化制品，胶料的流动、充模必须在此阶段完成，否则就发生焦烧。

预硫化阶段是焦烧期以后橡胶开始交联的阶段。随着交联反应的进行，橡胶的交联程度逐渐增加，并形成网状结构，橡胶的物理机械性能逐渐上升，但尚未达到预期的水平。

正硫化阶段，橡胶的交联反应达到一定的程度，此时的各项物理机械性能均达到或接近最佳值，其综合性能最佳。

过硫化阶段是正硫化以后继续硫化的阶段，此时往往氧化及热断链反应占主导地位，胶料会出现物理机械性能下降的现象。

由硫化历程可以看到，橡胶处在正硫化阶段时，其物理机械性能或综合性能达到最佳值，预硫化或过硫化阶段胶料性能均不好。达到正硫化状态所需的最短时间为理论正硫化时间，也称正硫化点，而正硫化是一个阶段，在正硫化阶段中，胶料的各项物理机械性能保持最高值，但橡胶的各项性能指标往往不会在同一时间达到最佳值，因此准确测定和选取正硫化点就成为确定硫化条件和获得产品最佳性能的决定因素。

从硫化反应动力学原理来说，正硫化是胶料达到最大交联密度时的硫化状态，正硫化时间应由胶料达到最大交联密度所需的时间来确定比较合理。在实际应用中根据某些主要性能指标（与交联密度成正比）来选择最佳点，并确定正硫化时间。

目前用转子旋转振荡硫化仪来测定和选取正硫化点最为广泛。这类硫化仪能够连续地测定与加工性能和硫化性能有关的参数，包括初始黏度、最低黏度、焦烧时间、硫化速度、正硫化时间和活化能等。实际上硫化仪测定记录的是转距值，以转距的大小来反映胶料硫化程度，其测定的基本原理根据弹性统计理论：

$$G = \rho R T \tag{12-1}$$

式中　G——剪切模量，MPa；

　　　ρ——交联密度，mol/mL；

　　　R——气体常数，Pa·L/(mol·K)；

　　　T——绝对温度，K。

即胶料的剪切模量 G 与交联密度 ρ 成正比，而与转距 M 存在一定的线性关系。从胶料在硫化仪模具中受力分析可知，转子做 $\pm 3°$ 角度摆动时，对胶料施加一定作用力可使之产生形变。与此同时，胶料将产生剪切力、拉伸力、扭力，这些合力对转子产生转距 M，阻碍转子的运动。随着胶料逐渐硫化，其剪切模量也逐渐增加，转子摆动在固定应变的情况下，所需转距 M 也就正比例地增加。综上所述，通过硫化仪可得胶料随时间的应力变化情况（由硫化仪转距读数反映），即可知剪切模量的变化情况，从而能够反映出硫化交联过程的情况。图 12-1 为硫化仪测得的胶料的硫化曲线。

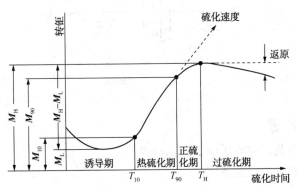

图 12-1　硫化曲线

在硫化曲线中，最小转距 M_L 反映胶料在一定温度下的可塑性，最大转距 M_H 反映硫化胶的模量，焦烧时间和正硫化时间根据不同类型的硫化仪有不同的判别标准，一般取值是：转距达到 $(M_H - M_L) \times 10\% + M_L$ 所需的时间 t_{10} 为焦烧时间，转距达到 $(M_H - M_L) \times 90\% + M_L$ 所需的时间 t_{90} 为正硫化时间，$t_{90} - t_{10}$ 为硫化反应速度时间，其值越小，硫化速度越快。

三、实验原材料与仪器设备

1. 实验原材料

橡胶混炼胶。混炼胶配方和制备见实验十一，一般胶料混炼后 2h 即可以进行实验，但不得超过 10d。

2. 实验设备

橡胶硫化仪为微机控制转子旋转振动硫化仪。其基本结构如图 12-2 所示。主要由主机传动部分、应力传感器和数据处理系统等组成。主机包括开启模的风筒、上下加热模板、转子、主轴、偏心轴、传感器、涡轮减速机和电机等部分。硫化仪的工作原理是该仪器的工作室（模具）内有一转子不断地以一定的频率（1.7±0.1）Hz 做微小角度（±3°）的摆动。而包围在转子外面的胶料在一定的温度和压力下，其硫化程度逐步增加，模量则逐步增大，造成转子摆动转距也成比例地增加。转距值的变化通过仪器内部的传感器换成信号送到记录仪上放大并被记录下来，转距随时间变化的曲线即为硫化特性曲线。

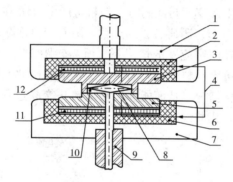

图 12-2　硫化仪结构

1—上平板；2—上绝热层；3—上模体；4—铂电阻；5—下模体；6—下绝热层；

7—下平板；8—转子；9—传动部分；10—模腔；11—下加热器；12—上加热器

四、实验步骤

1）接通总开关，电源供电，指示灯亮。

2）开动压缩机为模腔备压。

3）设定仪器参数：温度、量程、测试时间等。待上、下模温度升至设定温度后，稳定 10min.

4）开启模具，将转子插入下模腔的圆孔内，通过转子的槽楔与主轴连接好。闭合模具后，转子在模腔内预热 1min，开模，将胶料试样置于模腔内，填充在转子的四周，然后闭模。装料闭模时间越短越好。

5）模腔闭合后立即启动电机，仪器自动进行实验。

6）实验到预设的测试时间，转子停止摆动，上模自动上升，取出转子和胶样。

7）清理模腔及转子。

8）在其他条件不变的情况下，将同一种胶料分别以几个不同的温度做硫化特性实验。对天然橡胶，依次以 140℃、150℃、160℃、170℃和180℃等温度测定其硫化特性曲线。

五、实验记录与数据处理

按照表 12-1 所列内容进行数据记录与处理。

表 12-1　实验记录与数据处理

项　　目	数　　值				
测试温度/℃	140	150	160	170	180
最小转矩 M_L/N·m					
最大转矩 M_H/N·m					
最小转矩时间 t_L/min					
最大转矩时间 t_H/min					
$[(M_H-M_L)\times10\%+M_L]$/N·m					
$[(M_H-M_L)\times90\%+M_L]$/N·m					
焦烧时间 T_{10}/min					
正硫化时间 T_{90}/min					
硫化反应时间$(T_{90}-T_{10})$/min					

六、注意事项

1）实验前确保空气压缩机已打开。
2）转子上的密封件为易损件，有裂纹或老化时要及时更换。
3）注意及时清空工作区以免影响程序运行速度，防止出现电脑死机现象。

七、思考题

1）未硫化胶硫化特性的测定有何实际意义？
2）影响硫化特性曲线的主要因素是什么？
3）为什么说硫化特性曲线能近似地反映橡胶的硫化历程？

八、参考文献

[1] 杨清芝. 实用橡胶工艺学[M]. 北京：化学工业出版社，2005.
[2] 韩哲文. 高分子科学实验[M]. 上海：华东理工大学出版社，2005.

第九节　复合材料手糊成型工艺实验

实验十三　手糊环氧玻璃钢实验

随着玻璃钢工业的迅速发展，新的成型技术不断涌现，但在整个玻璃钢工业发展过程中，手糊成型工艺作为使用最早的一种成型工艺，仍占有重要地位。手糊成型工艺操作简便，设备简单，投资少，不受制品形状尺寸限制，可以根据设计要求，铺设不同厚度的增强材料。

一、实验目的

1）了解掌握玻璃钢手糊成型的基本方法。

2）熟悉环氧玻璃钢手糊制品的制备原理。

3）加深理解环氧树脂的固化机理。

二、实验原理

玻璃钢（FRP）是一种优良的耐腐蚀材料，具有可耐一般的酸、碱、盐及多种油性和有机溶剂的性能；因其使用的材料不同，可以分为环氧树脂玻璃钢和不饱和树脂玻璃钢两种。本实验主要探究环氧型玻璃钢的生成。

1）玻璃钢纤维是一种耐腐蚀性好、刚性强的增强材料，经过环氧浸渍后形成增强塑料，具有韧性好、导热系数小、伸缩率低等优点，常温下可固化，无气泡。

2）手糊成型工艺：适合于制作形状复杂、尺寸较大、用途特殊的 FRP 制品，但手糊成型工艺制品质量不够稳定，不易控制，生产效率低。

3）环氧树脂的固化：环氧树脂在用于制备 FRP 时，通常应配以适当的有机过氧化物引发剂，浸渍玻璃纤维，经适当的温度和一定的时间作用，树脂和玻璃纤维紧密粘结在一起，成为一个坚硬的 FRP 整体制品。在这一过程中玻璃纤维增强材料的物理状态前后没有发生变化，而树脂则从黏流的液态转变成坚硬的固态。当环氧树脂配以过氧化环己酮（或过氧化甲乙酮）作引发剂，以环烷酸钴作促进剂时，它可在室温、接触压力下固化成型。

4）环氧酸酐玻璃钢的基础性能见表 13-1。

表 13-1　环氧酸酐玻璃钢的基础性能

测 试 项 目	实 测 值	使用的标准
表面电阻/Ω	$1.6\times10^{12}\sim4.8\times10^{14}$	GB/T 5130—1997

续表

测 试 项 目	实 测 值	使用的标准
体积电阻/Ω	$1.6 \times 10^{13} \sim 1.43 \times 10^{15}$	GB/T 5130—1997
电气强度 Ep/(kV/mm)	$8.75 \sim 10.0$	GB/T 5130—1997
抗弯强度/MPa	$299.2 \sim 398.3$	GB/T 5130—1997
马丁耐热度/℃	$152 \sim 158$	GB/T 1699—2003

注：队马西耐热度外，也可以测热变形温度或维卡软化温度。

5) 手糊成型工艺过程如图 13-1 所示。

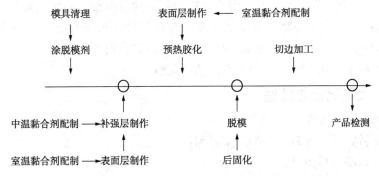

图 13-1 手糊成型工艺流程图

三、实验原材料与仪器设备

1. 仪器设备

剪刀、钢皮尺、台秤、压模模具、普通天平、玻璃板、玻璃烧杯。

2. 实验原材料

表 13-2 实验用料　　　　　　　　　质量份

原 材 料	材料要求	用 量
环氧树脂	低相对分子质量	100
酸酐固化剂	黏度小的液体酸酐	35
促进剂	咪唑、改性咪唑、三氧化硼单乙胺等	0.1%~1%树脂
脱模剂		适量

环氧酸酐类黏合树脂的合成：一般为低分子的双酚 A 环氧树脂 E-44 和 E-51，加入液体酸酐，如甲基四氢苯酐（HK021）、甲基六氢苯酐、甲基纳迪克酸酐。

酸酐的用量(g 固化剂/100g 树脂)＝K×树脂环氧值×酸酐相对分子质量(K 值可根据酸酐的活泼性不同选择 0.6~1.0)。

四、实验步骤

1）裁剪 8 块 0.1mm 厚玻璃布（150mm×150mm），4 块 0.4mm 厚玻璃布（150mm×150mm），并称重。

2）按 FRP 手糊制品 50% 的含胶量称取环氧树脂。每 100 份（质量）树脂加入 35 份固化剂，充分搅拌均匀至颜色一致，搅拌时间不少于 3min，再加入占树脂用量 0.1%～1% 的促进剂，充分搅拌均匀待用。

3）在玻璃板上铺放好涤纶薄膜，在中央区域倒上少量树脂，铺上一层 0.1mm 玻璃布，用刮刀刮涂，使树脂充分浸透玻璃布后，再铺上一层 0.4mm 的玻璃布，再用刮刀刮涂，如此重复直至铺完所有的玻璃布。最后在面上盖上另一张涤纶薄膜，用干净的刮刀在薄膜上推赶气泡。要求既要保留树脂又要赶尽气泡，气泡赶尽后，在平整的表面上再压上另一块玻璃板。

4）室温下固化 24h 后，检查制品的固化情况。

五、数据记录与处理

1. 实验数据记录
1）原料牌号、规格、生产厂家名称；
2）计算酚醛粉用量；
3）模具结构尺寸；
4）模压工艺条件；
5）制品外观记录。

2. 实验报告处理
1）实验目的和实验原理；
2）实验仪器、型号、原材料名称；
3）实验条件、实验操作步骤；
4）实验结果表述；
5）实验现象记录及原因分析；
6）解答思考题。

六、实验注意事项

1）涂刷用力要沿布的径向，顺着一个方向从中间向两边把气泡赶尽，使玻璃布贴合紧密，含胶量均匀；
2）避免出现胶粘在玻璃板上，铺第二层布时，树脂含量应高些，这样有利于浸透织物并逼出气泡；
3）清理模具时，用规定工具清理，不能用其他硬物刮；
4）实验操作人员必须戴手套，以防止烫伤；

5）实验结束后，清理工具，打扫卫生。

七、思考题

1）环氧树脂玻璃钢与不饱和聚酯树脂玻璃钢相比优势在哪里？

2）两层玻璃布之间胶料存留过多有什么影响？过少呢？

3）预热时间过长，对环氧黏合树脂有何影响？

4）促进剂的用量对工艺条件有没有影响？

八、参考文献

［1］赵吉学．手糊环氧玻璃钢的施工［J］．山西建筑，2003（2）：61-62.

［2］徐向东，李先方．低温固化剂在环氧玻璃钢冬期施工中的应用［J］．建筑技术，1984（10）：47-49.

［3］李宏伟．手糊玻璃钢质量的控制［J］．全面腐蚀控制，2003（5）：38-40.

［4］王会刚，姜开宇．玻璃钢模具的手糊制作技术［J］．塑料科技，2005（6）：45-47.

第十节　模具组装实验

实验十四　塑料模具的组成及安装实验

随着塑料工业的飞速发展与工程塑料在强度等方面的不断提高，塑料制品的应用范围也在不断扩大，塑料产品的用量也在不断上升。塑料模具是一种生产塑料制品的工具，它由几组零部件分构成，内有成型模腔。注塑时，模具装夹在注塑机上，熔融塑料被注入成型模腔内，并在腔内冷却定型，然后上下模分开，经由顶出系统将制品从模腔顶出离开模具，最后模具再闭合进行下一次注塑，整个注塑过程是循环进行的。通过模具现场拆装实验，可使学生对注塑模有一个全新的理解，掌握每个零件的作用，了解各零件的制造方法和制造工艺，正确使用常用拆卸机械、工具、量具，加深对注射成型工艺过程的理解。本次实验使用聚丙烯对模具进行试模调试。

一、实验目的

1）掌握塑料机械零部件的基本拆卸与测绘方法，正确使用常用拆卸机械、工具、量具。

2）通过塑料模具的拆装，熟悉注塑模的结构和成型工作原理。

3）认识注塑模具上各个零件的名称、作用和相配零件的配合关系。

4）能用所学机械制图的基本知识绘制模具零件草图，在工程草图的基础上，利用绘图软件绘制出所测绘塑料模具装配图等。

5）通过现场拆装，帮助学生对注射模具有一个全新的理解，掌握每个零件的作用，了解各零件的制造方法和制造工艺，了解注射模具的装配过程。

6）通过实验过程培养和锻炼学生的动手能力和组织能力，认真负责的工作态度和团队协作精神。

二、实验原理

注射模具的结构是由注射机的形式和制件的复杂程度等因素决定的。凡是注射模具，均可分为动模和定模两大部分。注射时动模与定模闭合构成型腔和浇注系统，开模时动模与定模分离，以便取出制件。定模安装在注射机的固定模板上，而动模则安装在注射机的移动模板上。注射模具的类型按其在注射机上的安装方式可分为移动式（仅用于立式注射机）和固定式注射模具；按所用注射机类型可分为卧式或立式注射机用注射模具和角式注射机用注射模具；按模具的成型型腔数目可分为单型腔和多型腔注射模具。模具的组成则根据模具上各个部件所起的作用可分为以下几个部分。

（1）成型零部件

型腔是直接成型塑料制件的部分，它通常由凸模（成型塑件内部形状，凹模成型塑件外部形状），型芯或成型杆、镶块等构成。模具的型腔由动模和定模有关部分联合构成。

（2）浇注系统

将塑料由注射机喷嘴引向型腔的流道称为浇注系统，由主流道、分流道、浇口、冷料井所组成。

（3）导向部分

为确保动模与定模合模时准确对中而设导向部分。通常有导向柱、导向孔或在动模定模上分别设置互相吻合的内外锥面，有的注射模具的顶出装置为避免在顶出过程中顶出板歪斜，还设有导向零件，使顶出板保持水平运动。

（4）分型抽芯机构

带有侧凹或侧孔的塑件，在被顶出以前，必须先进行侧向分型，拔出侧向凸模或抽出侧型芯，然后方能顺利脱出。

（5）顶出装置

在开模过程中，将塑件从模具中顶出的装置。

（6）冷却加热系统

为了满足注射工艺对模具温度的要求，模具设有冷却或加热系统。冷却系统一般在模具内开设冷却水道，加热则在模具内部或周围安装加热元件，如电加热元件。

（7）排气系统

为了在注射过程中将型腔内原有的空气排出，常在分型面开设排气槽。但是小型塑件排气量不大，可直接利用分型面排气，许多模具的顶杆或型芯与模具的配合间隙均可起排气作用，故不必另外开设排气槽。

三、实验原材料与仪器设备

1. 仪器设备

模具拆装工具（内六角扳手、铜锤头、扳手、清洗箱、煤油、油石、套筒等）若干。

2. 实验原材料

实验采用聚丙烯作为模具调试时所用物料。

四、实验步骤

1. 实验准备

（1）拆装模具的类型

塑料注射模。

（2）小组人员分工

同组人员对拆卸、观察、测量、记录、绘图等分工负责。

（3）工具准备

领用并清点拆卸和测量所用的工具，了解工具的使用方法及使用要求，将工具摆放整齐。实验结束时，按清单清点工具，交指导老师验收。

（4）熟悉实验要求

要求复习有关理论知识，详细阅读实验指导，对实验报告所要求的内容在实验过程中做详细的记录。拆装实验时带齐绘图仪器和纸张。

2. 观察分析

接到具体要拆装的模具后，需对下述问题进行观察和分析，并做好记录。

（1）模具类型分析

对给定模具进行模具类型分析与确定。

（2）塑件分析

根据模具分析确定被加工零件的几何形状及尺寸。

（3）模具的工作原理

要求分析其浇注系统类型、分型面及分型方式、顶出方式等。

（4）模具的零部件

模具各零部件的名称、功用、相互配合关系。

（5）确定拆装顺序

拆卸模具之前，应先分清可拆卸和不可拆卸件，制定拆卸方案，提请指导老师审查同意后方可拆卸。一般先将动模和定模分开，分别将动、定模的紧固螺钉拧松，再打出销钉，用拆卸工具将模具各主要板块拆下，然后从定模板上拆下主浇注系统，从动模上拆下顶出系统，拆散顶出系统各零件，从固定板中压出型芯等零件，有侧向分型抽芯机构时，拆下侧向分型抽芯机构的各零件。具体针对各种模具须具体分析其结构特点，并采用不同的拆卸方法和顺序。

3. 拆卸模具

（1）按拟定的顺序进行模具拆卸

要求体会拆卸连接件的用力情况，对所拆下的每一个零件进行观察、测量并做记录。记录拆下零件的位置，按一定顺序摆放好，避免在组装时出现错误或漏装零件。

（2）测绘主要零件

从模具中拆下的型芯、型腔等主要零件要进行测绘。要求测量尺寸、进行粗糙度估计、配合精度测估，画出零件图，并标注尺寸及公差（公差按要求估计）。

（3）拆卸注意事项

准确使用拆卸工具和测量工具，拆卸配合件时要分别采用拍打、压出等不同方法对待不同配合关系的零件。注意保护受力平衡，不可盲目用力敲打，严禁用铁榔头直接敲打模具零件。不可拆卸的零件和不宜拆卸的零件不要拆卸，拆卸过程中特别要注意自身安全及不损坏模具各器械。拆卸遇到困难时分析原因，并可请教指导老师。遵守课堂纪律，服从教师安排。

4. 组装模具

（1）拟定装配顺序

以先拆的零件后装、后拆的零件先装为一般原则制定装配顺序。

（2）按顺序装配模具

按拟定的顺序将全部模具零件装回原来的位置。注意正反方向，防止漏装。其他注意事项与拆卸模具相同，遇到零件受损不能进行装配时应学习用工具修复受损零件后再装配。

（3）装配后的检查

观察装配后的模具和拆卸前是否一致，检查是否有错装或漏装等。

（4）绘制模具总装草图

绘制模具草图时在图上记录有关尺寸。

5. 注射模具的安装

（1）模具安装前的准备工作

1）最大注射量的校核。检查成型塑件所需的总注射量是否小于所选注射机的最大注射量。如总注射量小于所选注射机的最大注射量，则所选注射机符合最大注射量的校核。否则，产品不能完全成型，所选注射机不符合要求。

2）注射压力校核。检查注射机的额定注射力是否大于成型时所需的注射压力。额定注射力大于注射压力，产品才能完全成型。

3）锁模力校核。当高压塑料溶体充满整个模具型腔时，会产生使模具分型面涨开的力 F_z，这个力应小于注射机的额定锁模力 F_p，即 $F_z < F_p$。

4）模具与注射机安装部分相关尺寸的校核。检查模具的喷嘴尺寸、定位圈尺寸、模具的最大和最小厚度及模板上安装螺孔尺寸是否与注射机相匹配。

（2）模具的安装步骤

1）用航吊将模具吊入到注塑机的移动模板和固定模板的合适位置，轻轻点击航吊按钮，移动模具，使模具上的定位圈进入到注射机固定模板上的定位孔内。

2）由合模系统合模，并将模具锁紧。

3）用螺钉和平行压板将模具的动模部分和定模部分分别紧固在注塑机的移

动模板和固定模板上。

4）按上水管接头

（3）模具空运转检查

1）合模后分型面之间不得有间隙，接合要严密。

2）活动型芯、顶出及导向部位运动及滑动要平衡，动作要灵活，定位导向要正确。

3）开模时，顶出部分应保证顺利脱模，以方便取出塑件及浇注系统凝件。

4）冷却水要通畅、不漏水。

6. 注射模具的调试

注射模具调试要点见表14-1。

表14-1　注射模具调整要点列表

调整项目	要点说明
选择螺杆及喷嘴	1）按设备要求根据不同塑料选用螺杆。 2）按成形工艺要求及塑料品种选用喷嘴
调节加料量，确定加料方式	1）按塑件质量(包括浇注系统耗用量，但不计嵌件)决定加料量，并调节定量加料装置，最后以试模的为准。 2）按成型要求，调节加料方式： ① 固定加料法：在整个成型周期中，喷嘴与模具一直保持接触，适于一般塑料。 ② 前加料法：每次注射后，塑化达到要求注射的容量时，注射座后退，直至下一个循环开始时再前进，使模具与喷嘴接触进行注射。 ③ 后加料法：注射后注射座后退，进行预塑化工作。待下一个循环开始，再进行注射，用于结晶性塑料。 3）注射座要来回移动的，则应调节定位螺钉，以保证每次正确复位。喷嘴与模具要紧密配合
调节锁模系统	装上模具，按模具的闭合高度、开模距离调节锁模系统及缓冲装置，应保证开模距离要求。锁模力松紧要适当，开闭模具时，要平稳缓慢
调整顶出装配与抽芯系统	1）调节顶出距离，以保证正常顶出塑出。 2）对设有抽芯装置的设备，应将装置与模具连接，调节控制系统，以保证动作起止协调，定位及行程正确
调整塑化能力	1）调节螺杆转速，按成型条件进行调整。 2）调节料筒及喷嘴温度，塑化能力应按试模时塑化情况酌情增减
调节注射压力	1）按成型要求调节注射压力 $p_{注} = p_{表} \cdot d_{缸}^2 / d_{螺}^2$ $p_{注}$ 为注射压力，N/cm^2；$p_{表}$ 为压力表读数，N/cm^2；$d_{螺}$ 为螺杆直径，cm；$d_{缸}$ 为油缸活塞直径，cm。 2）按塑料及壁厚，调节流量调节阀来调节注射速度

续表

调 整 项 目	要 点 说 明
调节成型时间	按成型要求来控制注射、保压、冷却时间及整个成型周期。试模时，应手动控制，酌情调整各程序时间，也可以调节时间继电器自动控制各成型时间
调节模温及水冷系统	1）按成型条件调节流水量和电加热器电压，以控制模温及冷却速度。 2）开机前，应打开油泵、料斗、各部位冷却水系统
确定操作次序	装料、注射、闭模、开模等工序应按成型要求调节。试模时用人工控制，生产时用自动及半自动控制

五、数据记录与处理

记录拆装过程并撰写实验报告，内容如下：

1）实验目的和实验原理；

2）注射模具名称；

3）模具类别；

4）模具的组成部分；

5）简述注射模具的拆装过程；

6）简述注射模具的安装与调试；

7）模具装配图的绘制；

8）解答思考题。

六、注意事项

1）模具搬运时，注意上下模（或动定模）在合模状时用双手（一手扶上模，另一手托下模）搬运，注意轻放、稳放。

2）进行模具拆装工作前必须检查工具是否正常，并按手用工具安全操作规程操作，注意正确使用工、量具。

3）拆装模具时，首先应了解模具的工作性能、基本结构及各部分的重要性，按顺序拆装。

4）使用铜棒、撬棒拆卸模具时，姿势要正确，用力要适当。

5）使用螺丝刀时螺丝刀口不可太薄太窄，以免紧螺丝时滑出；不得将零部件拿在手上用螺丝刀松紧螺丝；螺丝刀不可用铜棒或锤子锤击，以免手柄砸裂；螺丝刀不可当凿子使用。

6）使用扳手时必须与螺帽大小相符，否则会打滑使人摔倒；使用扳手紧螺栓时不可用力过猛，松螺栓时应慢慢用力扳松，注意可能会碰到的障碍物。

7）拆卸的零部件应尽可能放在一起，不要乱丢乱放，注意放稳放好，工作地点要经常保持清洁，通道不准放置零部件或者工具。

8）拆卸模具的弹性零件时应防止零件突然弹出伤人。

9）传递物件要小心，不得随意投掷，以免伤及他人。

10）不能用拆装工具玩耍、打闹，以免伤人。

七、思考题

1）注塑模具的浇口类型有几种？试分析该套注塑模具采用的浇口形式是哪一种？并分析说明其合理性。

2）注塑模具中，顶出机构一般有几种形式？都由哪些组成部分？简述该套模具其顶出机构类型特点及各元件的作用。

3）拆装的模具有几个导柱？其导向机构属于哪种类型？起什么作用？其布置方式上有什么特点？

4）根据所拆卸的一套模具，分析拆卸和装配过程中存在的问题和现象，谈谈实验后体会。

八、参考文献

[1] 郭志强. 塑料模具结构及拆装测绘实训教程[M]. 北京：中国劳动社会保障出版社，2005.

[2] 欧阳永红. 模具安装调试及维修[M]. 北京：化学工业出版社，2016.

[3] 冉新城. 塑料模具结构[M]. 武汉：华中科技大学出版社，2009.

[4] 刘青山. 塑料注射成型技术[M]. 北京：中国轻工业出版社，2010.

第二篇
高分子材料性能测试

第一节　高分子材料的塑化性能

实验十五　聚氯乙烯流变曲线测定

高分子材料的成型过程，如塑料的压制、压延、挤出、注塑等工艺，化纤纺丝，橡胶加工等过程，都是利用高分子材料熔体的塑化特性进行的。熔体受力作用，表现有流动和变形，而且这种流动和变形行为强烈地依赖材料结构和外界条件，高分子材料的这种性质称为流变行为(即流变性)。测定高分子材料熔体流变性质的仪器很多，转矩流变仪是其中的一种。

一、实验目的

1) 熟悉转矩流变仪的工作原理及其使用方法。

2) 熟悉测定高分子材料塑化性能的方法及原理。

3) 掌握聚氯乙烯(PVC)热稳定性的测试方法。

二、实验原理

转矩流变仪是一种多功能积木式双转矩测量仪。转矩流变仪使用的各种混合器的测量头是大型生产用混合器的微缩复制品。它可以模拟密炼、挤出等工艺过程。转矩流变仪由控制微机、混合装置(挤出机、混合器)等组成，如图 15-1 所示。测量时，物料被加到混炼室中，受到两个转子所施加的作用力，使物料在转子与室壁间进行混炼剪切，物料对转子凸棱施加反作用力，这个力由测力传感器测量，再经过机械分级的杠杆和臂转换成转矩值的读数(单位 N·m)。转矩流变仪可以测量转矩与温度、转矩与时间的关系。转矩的大小反映了物料黏度的大小。通过热电偶对转子温度的控制，可以得到不同温度下物料的黏度。所以，测量塑料熔体的塑化曲线，对于成型工艺的合理选择、正确操作、优化控制，获得优质、高效、低耗的制品以及制造成型工艺装备提供必要的设计参数等，都具有重要的意义。

图 15-2 为一般物料的转矩流变曲线，各段意义为：

OA 段：在给定温度和转速下，物料开始粘连，转矩上升到 *A* 点。

AB 段：受转子旋转作用，物料很快被压实，转矩下降到 *B* 点。

BC 段：物料在热和剪切力的作用下，开始塑化，物料黏度增大，转矩上升到 *C* 点。

CD 段：物料在混合器中塑化，逐渐均匀。达到平衡，转矩下降到 *D* 点。

DE 段：维持恒定转矩，物料平衡阶段。

E^-：继续延长塑化时间，导致物料发生分解、交联、固化，转矩上升或下降。

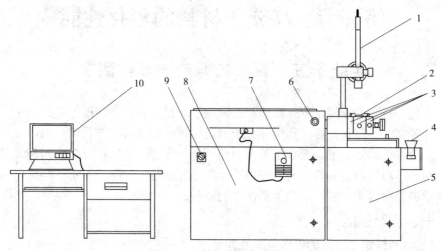

图 15-1　转矩流变仪示意图

1—压杆；2—加料口；3—密炼室；4—漏斗；5—密炼机；6—紧急制动开关；

7—手动面板；8—驱动及扭矩传感器；9—开关；10—计算机

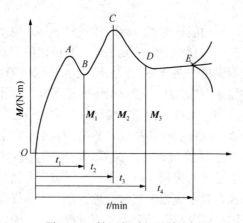

图 15-2　转矩与时间的关系图

t_1—物料受热压实时间；t_2—塑化时间；t_3—达到平衡转矩时间；t_4—物料分解时间；

M_1—最小转矩；M_2—最大转矩；M_3—平衡转矩

三、实验原料和仪器设备

1. 实验原材料

聚氯乙烯（PVC）：40g；

邻苯二甲酸二辛酯（DOP）：2g；

三盐基硫酸铅：2g；

硬脂酸钡(BaSt)：0.7g；

硬脂酸钙(CaSt)：0.6g；

硬脂酸(HSt)：0.6g。

原材料应干燥、不含对设备有损伤的组分，材质和粒度均匀，添加剂粒径小于3mm。

2. 仪器设备

本实验采用转矩流变仪测量塑料熔体的塑化曲线。实验条件控制与材料性质、实验目的有关。实验条件包括加料量、温度、转速和时间。

四、实验步骤

1. 称量

为便于对试样的测试结果进行比较，每次应称取相同质量的试样。

2. 设置工艺参数

双击计算机桌面的转矩流变仪应用软件图标，然后按照一系列的操作步骤(由实验教师对照计算机向学生讲解完成)，完成实验所需温度、转子转速及时间的设定，并点击"开始加热"按钮开始加热。当各段加热区域都已达到所设定的温度后，保温30min，以保证混合器内部温度均匀和稳定。

3. 加料

先顺时针转动操纵手轮，直至压杆被锁定在加料装置上方的锁定位置上后，放开手轮(此时压料块不会自行下落)，把定量的试样放入加料盒内。接着将试样沿着加料盒光滑底面全部加入密炼机中，并将压杆放下用双手将压杆锁紧。

4. 测量记录

点击"开始实验"快捷键进行实验，实验时仔细观察转矩和熔体温度随时间的变化情况。

5. 结束实验

到达实验时间，密炼机会自动停止，或点击"结束实验"快捷键可随时结束实验。提升压杆，依次打开密炼机二块动板，卸下两个转子，并分别进行清理，准备下一次实验用。待仪器清理干净后，将已卸下的动板和转子安装好。

五、数据记录与处理

1) 完成实验曲线的有关设置及制作报告。

2) 记录测试时的各项实验条件。以实验所得数据、曲线为例，讨论在高聚物结构研究、材料配方选择、成型工艺条件控制、成型机械及模具设计等方面的应用。

六、注意事项

1) 混合器各段温度未达到工艺要求时，不得进行实验。

2）实验过程中，注意观察扭矩、温度、压力等工艺参数的变化，并进行记录。

3）把塑料倒入料斗时，检查有无铁屑、铁钉之类金属或其他异物混入物料，以免在螺杆旋转时损坏仪器或影响实验结果的可靠性。

4）混合器加热温度比较高，不要裸手触摸，以免发生烫伤事故。

5）实验结束后，清理工具，打扫卫生。

七、思考题

1）图15-3为PVC的典型转矩-时间流变曲线。曲线上有三个峰，分别指出三个峰代表的意义。

2）转矩流变仪在聚合物成型加工中有哪些方面的应用？

3）加料量、转速、测试温度对实验结果有哪些影响？

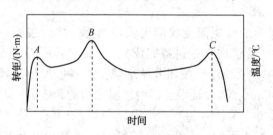

图15-3　PVC干粉料密炼的扭矩谱

八、参考文献

［1］史铁钧，吴德峰．高分子流变学基础［M］．北京：化学工业出版社，2009．

［2］张美珍．聚合物研究方法［M］．北京：中国轻工业出版社，2011．

［3］刘弋潞．高分子材料加工实验［M］．北京：化学工业出版社，2018．

实验十六　热塑性塑料熔体流动速率的测定

一、实验目的

1）了解熔体流动速率仪的结构特点及操作规程。

2）掌握热塑性塑料熔体流动速率的测试条件和测试方法。

3）了解熔体流动速率在热塑性塑料成型加工中的重要意义。

二、实验原理

熔体流动速率是热塑性塑料在一定温度和负荷下，熔体每10min通过标准口模的质量，即熔体质量流动速率（MFR），单位为g/10min。

对于同种热塑性塑料，在相同的测试条件下，熔体流动速率越大，流动性越好。对于不同的热塑性塑料，由于测试条件不同，不能用熔体流动速率的大小比较流动性。

对于同种热塑性塑料，MFR 表征了其相对分子质量的大小。MFR 越小，其流动性越小，相对分子质量越大；反之，MFR 越大，其流动性越大，相对分子质量越小。

不同加工条件对热塑性塑料熔体流动速率要求不同，通常注塑成型要求熔体流动速率较高，即要求流动性较好，若流动性不好则会使熔体充模不满，造成注塑制品缺陷；挤出成型要求熔体流动速率较低，若熔体流动速率太高，则会使挤出管材形成塌陷，影响管材尺寸和同心度；中空吹塑成型要求熔体流动速率介于以上两者之间；而压制大型或形状复杂的制品时，需要塑料有较大的流动性，如果塑料的流动性太小，会使塑料在模腔内填塞不紧，造成废品，流动性太大，会使熔体溢出模外，影响制品精度。所以，在塑料成型加工时需要选择合适的熔体流动速率。

三、实验原材料与仪器设备

1. 仪器设备

（1）分析天平

分辨率 0.1mg，称量值 0~100g。

（2）熔体流动速率测试仪

外观、料筒结构图分别如图 16-1、图 16-2 所示。

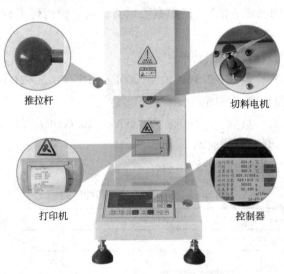

图 16-1 熔体流动速率测试仪外观图

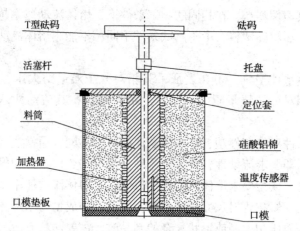

图 16-2　熔体流动速率测试仪料筒结构图

2. 实验原材料

聚乙烯、聚丙烯、聚乙烯改性料、聚丙烯改性料。

四、实验内容

1. 实验前准备

1）检查设备情况，无异常后方可开始实验。

2）将所用工具、物料、口模准备好。

2. 实验条件

根据 GB/T 3682.1—2018《热塑性塑料熔体质量流动速率（MFR）和熔体体积流动速率（MVR）的测定方法》，确定聚乙烯类材料、聚丙烯类材料的熔体流动速率测试条件。

（1）聚乙烯类材料常用测试条件

温度：190.0℃；负荷：2.160kg、5.000kg、10.000kg、21.600kg。

（2）聚丙烯类材料常用测试条件

温度：230.0℃；负荷：2.160kg、5.000kg、10.000kg、21.600kg。

（3）试样加入量与切样时间

试样加入量与切样时间见表 16-1。

表 16-1　试样加入量与切样时间

MFR/（g/10min）	试样加入量/g	切样时间/s
0.10~0.15	3~5	240
0.15~0.40	3~5	120
0.40~1.0	4~6	40

MFR/（g/10min）	试样加入量/g	切样时间/s
1.0~2.0	4~6	20
2.0~5.0	4~8	10
>5.0	4~8	5

（4）实验负荷配用表

常用实验负荷为 2.160kg、5.000kg、10.000kg、21.600kg，由各种质量的砝码组合而成，砝码配用表见表 16-2。

表 16-2　实验砝码配用表

负荷/kg	砝码组合/g
2.16	325+875+960
5.000	325+875+960+1200+1640
10.000	325+875+960+1200+1640+2500+2500
21.600	325+875+960+1200+1640+1600+2500+2500+2500+2500+2500+2500

3. 实验步骤

1）打开电源。

2）按"1"键设定测试温度（一般 PE 用 190.0℃、PP 用 230.0℃）、取样间隔（可取 60s、30s、10s 等）、取样次数（一般为 5 次）。设定完成后按"继续"键，仪器开始升温。

3）选择测试砝码，2.160kg 的由活塞（325g），875g、960g 砝码组成。

4）温度达到设定值后，拉开外手柄，用清洗棒包上纱布清洗料筒。

5）推进外手柄，将口模用口模清洗棒垂直放入料筒。

6）称取 3~5g 试样，分三次加入料筒，每次都要用加料棒压实，加料与压实过程须在 1min 内完成。

7）在料筒中放入活塞，按下"9"键，启动定时器，进行预热。

8）预热结束，蜂鸣器响三声，此时加上选定的砝码。

9）待活塞下降至下环形标记与料筒上平面相平时，按"切料"键进行正式实验。

10）切取 5 个料条，待料条冷却后用分析天平称量，准确至±0.5mg。

11）仪器清理：

① 活塞清理：取出活塞，用纱布擦洗干净。

② 口模清理：将外手柄向外拉出，用加料棒把口模从料筒下方顶出，用手

(带隔热手套)接住口模，迅速用口模清理棒将口模孔内残余料顶出，将外表面擦拭干净。

③ 料筒清洗：用清洗棒包上纱布清洗料筒。

五、数据记录与处理

（1）实验数据计算公式

$$MFR = 600m/1000t \tag{16-1}$$

式中　m——五个料条质量的平均值，mg；

　　　t——取样时间，s。

（2）实验数据记录

将每次所得的 5 个无气泡的样条称重，按公式（16-1）计算熔体流动速率，实验数据记录在表 16-3 中。

表 16-3　实验数据处理表

项　　目	第一次					第二次				
	1	2	3	4	5	1	2	3	4	5
质量/mg										
时间/s										
平均质量/mg										
MFR/(g/10min)										

六、注意事项

1）仪器的料筒内属高温区，取毛细管活塞时要加倍小心，不要烫伤，不要损坏。

2）加、卸砝码时，因砝码较重，不要砸伤，轻拿轻放。

3）注意在实验中不要被切割飞出的样品烫伤。

4）每次实验结束时，应清理料筒表面、活塞及喷嘴表面。

七、思考题

1）聚氯乙烯的流动性可以用熔体流动速率表示吗？为什么？应该用哪个物理量表征聚氯乙烯的流动性？

2）试分析测试条件(温度、负荷、取样时间)对熔体流动速率的影响。

3）高密度聚乙烯挤出成型管材，原料的熔体流动速率范围是多少？

八、参考文献

[1] 华幼卿，金日光 . 高分子物理[M]. 北京：化学工业出版社，2019.

［2］唐颂超. 高分子材料成型加工［M］. 北京：中国轻工业出版社，2013.

［3］肖汉文，王国成，刘少波. 高分子材料与工程实验教程［M］. 北京：化学工业出版社，2016.

［4］陈晋南，何吉宇. 聚合物流变学及其应用［M］. 北京：中国轻工业出版社，2018.

第二节 高分子材料的力学性能

实验十七 高分子材料拉伸性能测定

随着高分子材料的大量应用，人们迫切需要了解其性能，其中力学性能显得尤为重要。力学性能是材料抵抗外力破坏的能力，只有掌握高分子材料力学性能的一般规律和特点，才能恰当地选择和使用高分子材料。拉伸性能是高分子力学性能中最重要、最基本的性能之一，它表征了高分子材料的强度和延展性。本实验通过拉伸实验来评价高分子材料的拉伸性能。

一、实验目的

1）掌握绘制高分子材料应力–应变曲线的方法，测定其拉伸强度、断裂强度和断裂伸长率。

2）了解不同高分子材料的拉伸特性以及测试条件对测试结果的影响。

3）熟悉微机控制电子万能试验机的原理和操作方法。

二、实验原理

拉伸实验是在规定的实验温度、湿度和速度条件下，对标准试样沿纵轴方向施加静态拉伸载荷，直至试样被拉断为止的实验。使用电子万能试验机将试样上施加的载荷、形变通过压力传感器和形变测量装置转变为电信号记录下来，经计算机处理后，绘制出试样在拉伸变形过程中的拉伸应力–应变曲线（σ–ε 曲线），从应力–应变曲线可得到材料的各项拉伸性能指标值：如拉伸弹性模量、拉伸屈服强度、拉伸强度、拉伸断裂强度、断裂伸长率及拉伸断裂能等。通过拉伸实验得到的数据，可对聚合物的拉伸性能作出评价，从而为质量控制、研究开发、工程设计及其他项目提供参考。

典型的高分子材料应力–应变曲线一般分为两个部分：弹性变形区和塑性变形区。在弹性变形区域，材料发生可完全回复的弹性形变，应力–应变曲线呈线性关系，符合胡克定律。在塑性变形区域，材料产生永久性变形，应力和应变增加不再呈正比关系，最后材料出现断裂。

不同的高分子材料、不同的测定条件，其应力–应变曲线的形状也不同。目前应力–应变曲线大致可分为 5 种类型，如图 17-1 所示。

（1）硬而脆

应力–应变曲线如图 17-1（a）所示，拉伸强度和弹性模量较大，没有屈服点，断裂伸长率小(一般不超过 2%)，如聚甲基丙烯酸甲酯等。

(2) 硬而强

应力-应变曲线如图 17-1(b)所示，拉伸强度和弹性模量较大，有适当的断裂伸长率(约 5%)，如硬质聚氯乙烯等。

(3) 强而韧

应力-应变曲线如图 17-1(c)所示，拉伸强度、弹性模量和断裂伸长率大，有细颈产生，如尼龙 66、聚碳酸酯等。

(4) 软而韧

应力-应变曲线如图 17-1(d)所示，断裂伸长率大，拉伸强度较高，但弹性模量低，屈服点低或没有明显屈服点，如橡胶、增塑聚氯乙烯等。

(5) 软而弱

应力-应变曲线如图 17-1(e)所示，拉伸强度低，弹性模量小，如柔软的凝胶等。

通过 5 种类型的应力-应变曲线，可看出不同高分子材料的断裂过程。

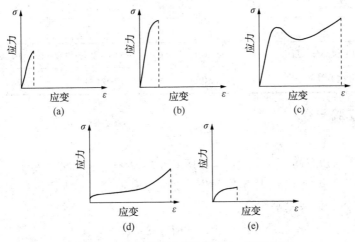

图 17-1　高分子材料的拉伸应力-应变曲线

三、实验原材料与仪器设备

1. 仪器设备

1) 拉力试验机：任何能满足实验要求的、具有多种拉伸速率的拉力试验机皆可使用。本次实验采用 MST CMT6103 微机控制电子万能试验机。

2) 游标卡尺、直尺。

2. 实验原材料

本次实验材料为聚丙烯, 试样采用 I 型试样 (见图 17-2), 每组试样不少于 5 个, 其尺寸及公差参考表 17-1。试样要求表面平整, 无气泡、裂纹、分层、伤痕等缺陷。

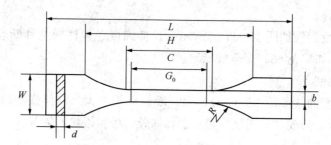

图 17-2　I 型试样

表 17-1　I 型试样尺寸及公差

符号	名称	尺寸/mm	公差	符号	名称	尺寸/mm	公差
L	总长 (最小)	150		W	端部宽度	20	±0.2
H	夹具间距离	115	±5.0	d	厚度	4	
C	中间平行部分长度	60	±0.5	b	中间平行部分宽度	10	±0.2
G_0	标距 (或有效部分)	50	±0.5	R	半径 (最小)	60	

四、实验步骤

1. 准备工作

1) 试样的状态调节和实验环境按照 GB/T 2918—2018 规定执行。

2) 试样编号, 测量试样工作部分的宽度 b 和厚度 d, 精确到 0.01mm。每个试样测量三点, 取算术平均值。

3) 在试样中间平行部分作标线, 标明标距 G_0。

4) 熟悉电子拉力试验机的结构、操作规程和注意事项。

2. 拉伸性能测试

1) 开机: 打开拉力试验机和计算机。

2) 根据所测试试样安装适当的拉伸测试夹具和传感器, 设置好限位装置 (主要根据试样的长度及夹具的间距确定)。

3) 夹持试样, 注意使试样纵轴与上、下夹具中心线相重合, 且松紧适宜, 以防止试样脱落或断在夹具内。

4) 点击 SANs 软件进入实验软件, 选择好联机方向, 选择正确的通信口, 选择对应的传感器及引伸仪后联机。

5）在软件内"试验部分"编辑相应的拉伸测试实验方案，包括"基本参数""控制方式"（如实验速度）和"用户参数"等。

6）将软件界面上的力、位移、变形和峰值力等数据清零，点击"运行"，开始自动实验。

7）试样拉断后，打开夹具取出试样。

8）重复步骤3）~7），进行其余样条的测试。若试样断裂在中间平行部分之外，则此测试结果作废，另取试样补做。

9）实验自动结束后，软件显示实验结果。点击实验表格，右键导出实验原始数据。点击"用户报告"，导出实验报告。

10）关闭仪器和电源，清理仪器和工具。

五、数据记录及处理

1. 实验数据记录

1）试样原料名称：＿＿＿＿＿＿＿＿＿＿＿＿＿＿＿＿＿＿；

2）试样类型：＿＿＿＿＿＿＿＿＿＿＿＿＿＿＿＿＿＿＿；

3）试样制备方法：＿＿＿＿＿＿＿＿＿＿＿＿＿＿＿＿；

4）实验温度和湿度：＿＿＿＿＿＿＿＿℃；＿＿＿＿＿＿＿＿%；

5）仪器型号：＿＿＿＿＿＿＿＿＿＿＿＿＿＿＿＿＿＿；

6）实验拉伸速度：＿＿＿＿＿＿＿＿＿＿＿mm/min。

2. 数据处理

1）拉伸强度或拉伸断裂应力、拉伸屈服应力（MPa）：

$$\sigma_t = \frac{P}{bd} \tag{17-1}$$

式中　P——最大负荷或断裂负荷、屈服负荷，N；

b——试样工作部分宽度，mm；

d——试样工作部分厚度，mm。

2）断裂伸长率 ε_t（%）：

$$\varepsilon_t = \frac{G-G_0}{G_0} \times 100\% \tag{17-2}$$

式中　G——试样原始标距，mm；

G_0——试样断裂时标线间距离，mm。

计算结果以算术平均值表示，σ_t 取3位有效数字，ε_t 取2位有效数字。

3）将数据和处理结果填入表17-2。

表 17-2　数据处理与结果

项　　目	试样 1	试样 2	试样 3	试样 4	试样 5
宽度 b/mm					
厚度 d/mm					
截面积 $A(b \times d)$/mm^2					
最大负荷 P_{max}/N					
拉伸强度 σ_{t1}/MPa					
拉伸强度 σ_{t1} 平均值/MPa					
断裂负荷 P/N					
断裂应力 σ_{t2}/MPa					
断裂应力 σ_{t2} 平均值/MPa					
试样原始标距 G_0/mm					
试样断裂时标线间距离 G/mm					
断裂伸长率 ε_t/%					
断裂伸长率 ε_t 平均值/%					

4）根据原始数据绘制拉伸应力-应变曲线。

六、注意事项

1）每次仪器开机后预热 10min，待系统稳定后再进行实验。如果刚关机，需要再次开机，至少保证 1min 的间隔时间。任何时候都不能带电插拔电源线和信号线，否则很容易损坏电气控制部分。

2）实验开始前，一定要调整好限位档圈，以免操作失误损坏力值传感器。

3）实验过程中，不得远离试验机。除停止键和急停开关外，不要按控制面板上的其他按键，以免影响实验。

4）实验结束后，一定要关闭所有电源，整理干净实验台。

七、思考题

1）简要分析影响高分子材料拉伸强度的因素有哪些。

2）对于拉伸试样，如何使拉伸实验断裂在有效部分？

3）试比较橡胶、塑料和纤维的应力-应变曲线有何不同。

八、参考文献

[1] 华幼卿，金日光．高分子物理[M]．北京：化学工业出版社，2013.

[2] 韩哲文．高分子科学实验[M]．上海：华东理工大学出版社，2005.

[3] 陈厚．高分子材料加工与成型实验[M]．北京：化学工业出版社，2018.

实验十八 高分子材料弯曲性能测定

弯曲性能是高分子材料的力学性能之一，主要用来检验材料在经受弯曲载荷作用时的性能。本实验通过弯曲实验来测定高分子材料的弯曲性能，评价材料的弯曲强度和塑性变形的大小，为质量控制和应用设计提供重要的参考指标。

一、实验目的

1）掌握绘制高分子材料的应力-应变曲线的方法，测定其弯曲强度和弹性模量。

2）了解不同高分子材料的弯曲特性以及测试条件对测试结果的影响。

3）熟悉微机控制电子万能试验机的原理和操作方法。

二、实验原理

弯曲实验有两种加载方式，一种为三点式加载法，另外一种为四点式加载法。本实验采用三点式加载法，在规定的实验温度、湿度和弯曲速度条件下，将一规定形状和尺寸的标准试样置于两支座上，并在支座的中点施加一静弯曲力矩（见图18-1），使试样产生弯曲应力和变形，直至在最大弯矩处及其附近断裂为止（或者变形达到预定值）。定义弯曲强度（也称挠曲强度）为试样在弯曲过程中承受的最大弯曲应力，小形变时的弹性模量为弯曲模量。

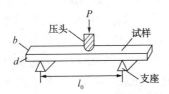

图18-1 三点弯曲实验示意图

三、实验原材料与仪器设备

1. 仪器设备

1）MST CMT6103 微机控制电子万能试验机。

2）游标卡尺、直尺。

2. 实验原材料

弯曲试样可采用注塑、模压或由板材经机械加工制备，选取矩形截面试样。试样不可扭曲，表面应互相垂直或平行，所有表面和边缘无划痕、麻点、凹陷和飞边等缺陷。试样的标准尺寸为长 80mm±2mm，宽 10.0mm±0.2mm，厚 4.0mm±0.2mm。若不能获得标准试样，则长度必须为厚度的 20 倍以上，试样宽度由表

18-1 选定。

表 18-1　弯曲非标准试样尺寸　　　　　　　　　　　　　　　mm

标样厚度 d	宽度 b	
	基本尺寸	极限偏差
$1<d\leqslant3$	25.0	±0.5
$3<d\leqslant5$	10.0	
$5<d\leqslant10$	15.0	
$10<d\leqslant20$	20.0	
$20<d\leqslant35$	35.0	
$35<d\leqslant50$	50.0	

试样厚度小于 1mm 时不做弯曲实验。厚度大于 50mm 的试样，应单面加工至规定厚度，且加工面朝向压头，这样就会接近或消除其加工影响。对于各向异性材料应沿纵横方向分别取样，使试样的负荷方向与材料实际使用时所受弯曲负荷方向一致。

四、实验步骤

1. 准备工作

1）试样的状态调节和实验环境按照 GB/T 2918—2018 规定执行。

2）试样编号，测量试样工作部分的宽度 b 和厚度 d，精确到 0.01mm。每个试样在两端和中间处分别测量，取三处测量值的算术平均值。

3）实验跨度选择按 GB/T 9341—2008 标准规定：跨度应为试样厚度的 16倍，对于厚度较大的单向纤维增强材料试样，为避免剪切时分层，须采用较大的跨厚比(l_0/d)计算跨度；对于很薄的试样，可采用较小的跨厚比计算跨度，以便能在试验机的工作范围内进行测定。

4）实验速度选择：根据材料标准设置实验速度，若无标准，从表 18-2 中选一个速度值，使弯曲应变速率尽可能接近 1%/min。例如标准试样的实验速度为$(2.0±0.4)$mm/min。

表 18-2　实验速度推荐值

速度/(mm/min)	公差/%	速度/(mm/min)	公差/%
1	±20	20	±10
2	±20	50	±10
5	±20	100	±10
10	±20	200	±10

注：厚度在 1~3.5mm 的试样使用最低速度。

5) 熟悉电子拉力试验机的结构、操作规程和注意事项。

2. 弯曲性能测试

1) 开机：打开试验机和计算机。

2) 安装适当的弯曲测试夹具和传感器，设置好限位装置(主要根据试样的跨厚比和长度确定)。

3) 放置试样，确保试样与试样支柱平行，试样不宜固定，跨度应为可调。将上压头调至适当的位置。

4) 点击 SANs 软件进入实验软件，选择好联机方向，选择正确的通信口，选择对应的传感器及引伸仪后联机。

5) 在软件内"试验部分"编辑相应的弯曲测试实验方案，包括"基本参数""控制方式"和"用户参数"等。

6) 将软件界面上的力、位移、变形和峰值力等数据清零，点击"运行"，开始实验。

7) 试样完成后，取出试样。

8) 重复步骤 4)~7)，进行其余样条的测试。

9) 实验自动结束后，软件显示实验结果。点击实验表格，右键导出实验原始数据。点击"用户报告"，导出实验报告。

10) 关闭仪器和电源，清理仪器和工具。

五、数据记录及处理

1. 实验数据记录

1) 试样原料名称：_____；

2) 试样制备方法：_____；

3) 实验温度和湿度：_____℃；_____%；

4) 仪器型号：_____；

5) 实验弯曲速度：_____mm/min；

6) 跨度：_____mm。

2. 数据处理

1) 弯曲应力或弯曲强度(MPa)：

$$\sigma_f = \frac{P}{2} \times \frac{l_0/2}{bd^2/6} = 1.5\frac{Pl_0}{bd^2} \tag{18-1}$$

式中　σ_f——弯曲应力或弯曲强度，MPa；

　　　P——试样承受的最大载荷，N；

　　　l_0——跨度，mm；

　　　b——试样宽度，mm；

d——试样厚度，mm。

2）弯曲弹性模量（MPa）：

$$E_t = \frac{\Delta P l_0^3}{4bd^3\delta} \qquad (18-2)$$

式中　E_f——弯曲弹性模量，MPa；

　　　ΔP——在负荷-挠度曲线的线性部分选取的载荷，N；

　　　l_0——跨度，mm；

　　　b——试样宽度，mm；

　　　d——试样厚度，mm；

　　　δ——挠度，试样跨度中心的顶面或底面偏离原始位置的距离，mm。

3）将数据和处理结果填入表 18-3。

表 18-3　弯曲模量和弯曲弹性模量

项　　　目	试样 1	试样 2	试样 3	试样 4	试样 5
试样宽度/mm					
试样厚度/mm					
弯曲强度 σ_f/MPa					
弯曲强度 σ_f 平均值/MPa					
弯曲弹性模量 E_f/MPa					
弯曲弹性模量 E_f 平均值/MPa					

4）根据原始数据绘制弯曲应力-应变曲线。

六、注意事项

1）每次仪器开机后预热 10min，待系统稳定后再进行实验。如果刚关机，需要再次开机，至少保证 1min 的间隔时间。任何时候都不能带电插拔电源线和信号线，否则很容易损坏电气控制部分。

2）实验开始前，一定要调整好限位档圈，以免操作失误损坏力值传感器。

3）实验过程中，不得远离试验机。除停止键和急停开关外，不要按控制面板上的其他按键，以免影响实验。

4）试样在跨距中部 1/3 范围外断裂的实验结果作废，应重新取样实验。

5）实验结束后，一定要关闭所有电源，清理机器，打扫卫生。

七、思考题

1）抗压性与抗弯性的区别与联系？

2）三点式加载法和四点式加载法测定弯曲性能的区别是什么？

八、参考文献

［1］华幼卿，金日光. 高分子物理［M］. 北京：化学工业出版社，2013.

［2］刘建平，宋霞，郑玉斌. 高分子科学与材料工程实验［M］. 北京：化学工业出版社，2017.

实验十九　冲击强度测定实验

高分子材料制品在使用过程中，经常会受到外力冲击作用而受到破坏。在高分子材料的力学性能测试中，只进行静载荷实验不能满足材料使用要求，因此必须对材料进行动载荷实验，而且动载荷实验在工程设计中尤其重要。高分子材料的冲击强度是指对高分子材料制品施加一次冲击负荷使其破坏，破坏时或过程中单位制品截面积所吸收的能量，该能量是衡量高分子材料抗冲击能力的主要指标。冲击强度实验则是依照一定的标准来测量高分子材料冲击强度的实验。该实验对研究高分子材料尤其是塑料在经受冲击载荷时的力学行为有一定的实际意义。

一、实验目的

1）掌握高分子材料冲击性能悬臂梁与简支梁两种测试方法的原理、方法与操作过程。

2）掌握高分子材料冲击性能悬臂梁与简支梁两种测试方法的实验结果处理方法。

3）了解测试条件对测定结果的影响。

二、实验原理

测量冲击强度有两种实验方法，一种是摆锤式冲击实验，另一种是落锤式冲击实验，最常用的是摆锤式冲击实验。摆锤式冲击实验分两种：悬臂梁式和简支梁式冲击实验。简支梁冲击实验目前依照 GB/T 1043.1—2008 进行冲击强度的测定，简支梁冲击实验原理如图 19-1 所示；悬臂梁冲击实验则依照 GB/

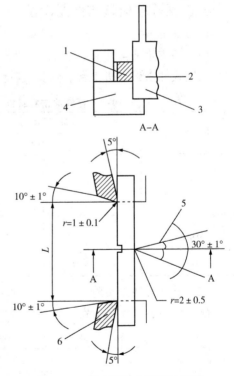

图 19-1　简支梁冲击实验示意图

1—试样；2—冲击方向；

3—冲击瞬间摆锤位置；4—下支座；

5—冲击刀刃；6—支撑块

T 1843—2008 进行冲击强度的测定，悬臂梁冲击实验原理如图 19-2 所示。

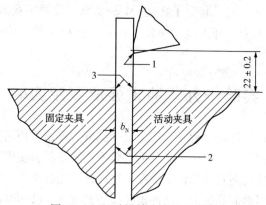

图 19-2　悬臂梁冲击实验示意图

1—冲击刃半径 R_1(0.8±0.2mm)；2—与试样接触的夹具面；3—夹具棱圆角半径 R_2(0.2±0.1mm)

三、实验原材料与仪器设备

1. 仪器设备

（1）简支梁冲击实验

摆锤式冲击试验机 1 台。试验机特性见表 19-1。

表 19-1　摆锤冲击实验机特性参数（简支梁冲击实验）

冲击能量/J	冲 击 速 度		允许最大摩擦损失/%	校正后允许误差/J
	基本速度/(m/s)	极限偏差/%		
0.5 1.0 2.0 4.0	2.9	±10	4 2 1 0.5	0.01 0.01 0.01 0.02
7.5 15.0 25.0 50.0	3.8	±10	0.5	0.05 0.05 0.10 0.10

（2）悬臂梁冲击实验

摆锤式冲击试验机 1 台。试验机特性见表 19-2。

表 19-2　摆锤冲击实验机特性参数（悬臂梁冲击实验）

能量 E（公称）/J	冲击速度 V_0/(m/s)	无试样时的最大摩擦损失/J	有试样经校正后的允许误差/J
1.0		0.02	0.01
2.75		0.03	0.01
5.5	3.5(±10%)	0.03	0.02
11.0		0.05	0.02
22.0		0.10	0.10

2. 实验原材料

1）简支梁冲击实验：实验原料采用聚丙烯，其 MFR 为 1~5g/10min。聚丙烯用模具注塑成型长条试样作为无缺口试样，在 PP 长条试样上用机械加工方法铣出 U 形缺口长条作为缺口简支梁冲击试样。

2）悬臂梁冲击实验：实验原料采用聚丙烯，其 MFR 为 1~5g/10min。聚丙烯用模具注塑成型长条试样经机械加工方法铣出 V 形缺口的长条作为缺口悬臂梁冲击试样。

四、实验步骤

（一）简支梁冲击实验

1. 实验步骤

1）试样制备：

① 模塑料或挤出料按受试材料的产品标准规定制备试样。若产品标准没有规定，可按 GB/T 9352—2008 和 GB/T 5471—2004 制备试样。I 型试样可以从标准多用途试样上切取。

② 板材：板材试样是将板材进行机械加工制备而取得的。试样缺口可在铣床、刨床或专用缺口加工机上加工。加工刀具应无倾角，工作后角为 15°~20°。推荐刀尖线速度约为 90~185m/min，进给速率为 10~130mm/min。检查刀具的锐度，如果半径和外形不在规定范围内，应更换成新磨的刀具。

③ 层压材料：层压材料应在使冲击方向垂直于层压方向（板面方向）和平行于层压方向（板边方向）上各切取一组试样。

2）对于无缺口试样，分别测量试样中部边缘和试样端部中心位置的宽度和厚度，并取其平均值为试样的宽度和厚度，准确至 0.02mm。缺口试样应测量缺口处的剩余厚度，测量时应在缺口两端各测一次，取其算术平均值。

3）根据试样破坏时所需的能量选择摆锤，使消耗的能量在摆锤总能量的 10%~85% 范围内。当符合这一能量范围的不止一个摆锤时，应该用最大能量的摆锤。

4）调节能量度盘指针零点，使它在摆锤处于起始位置时与主动针接触。进行空白实验，保证总摩擦损失不超过表 19-1 中的要求。

5）抬起并锁住摆锤，把试样按规定放置在两支撑块上，试样支撑面紧贴在支撑块上，使冲击刀刃对准试样中心，缺口试样刀刃对准缺口背向的中心位置。

6）平稳释放摆锤，从度盘上读取试样吸收的冲击能量。

7）试样无破坏的冲击值应不作取值，实验记录为不破坏或 NB。试样完全破坏或部分破坏的可以取值。

8) 如果同种材料可以观察到一种以上的破坏类型,须在报告中标明每种破坏类型的平均冲击值和试样破坏的百分数。不同破坏类型的结果不能进行比较。

2. 实验结果计算及表达

1) 无缺口试样简支梁冲击强度 $a(kJ/m^2)$:

$$a = \frac{A}{b \cdot d} \times 10^3 \qquad (19-1)$$

式中　A——试样吸取的冲击能量,J;

　　　b——试样宽度,mm;

　　　d——试样厚度,mm。

2) 缺口试样简支梁冲击强度 $a_k(kJ/m^2)$:

$$a_k = \frac{A_k}{b \cdot d_k} \qquad (19-2)$$

式中　A_k——缺口试样吸收的冲击能量,J;

　　　b——试样宽度,mm;

　　　d_k——缺口试样缺口处剩余厚度,mm。

3) 标准偏差 S:

$$S = \sqrt{\frac{\sum (X - \bar{X})^2}{n - 1}} \qquad (19-3)$$

式中　X——单个测定值;

　　　$\bar{X}$——一组测定值的算术平均值;

　　　n——测定值个数。

4) 变异系数 $CV(\%)$:

$$CV = \frac{S}{\bar{X}} \times 100\% \qquad (19-4)$$

5) 如果需要计算相对冲击强度,其结果以百分比表示。

6) 计算 10 个试样实验结果的算术平均值、标准偏差和变异系数。全部计算结果以两位有效数字表示。

(二) 悬臂梁冲击实验

1. 实验步骤

1) 试样制备:

① 试样制备应按照 GB/T 5471—2004、GB/T 9352—2008 或材料有关规范制备试样。I 型试样可从按 GB/T 11997—2008 方法制备的 A 型试样中部切取。

② 板材用机械加工制备试样应尽可能采用 A 型缺口的 I 型试样。无缺口试

样的机加工面不应面朝冲锤。

③ 各向异性的板材需从板材的纵横两个方向各取一组试样。

④ 试样缺口可在铣床、刨床或专用缺口加工机上加工。切削齿的形状应能将试样切削出如图 19-3 所示缺口的形状，切削齿的剖面应与它的主轴线垂直。推荐刀尖线速度为 90~185m/min，进给率为 10~130mm/min。检查刀具的锐度，如果刀尖半径和形状不在规定的范围内，要及时更换刀具。如果规定受试材料，可使用模塑缺口试样，测试结果同机加工试样测试结果不具有可比性。

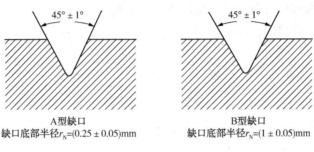

A型缺口
缺口底部半径 r_N=(0.25 ± 0.05)mm

B型缺口
缺口底部半径 r_N=(1 ± 0.05)mm

图 19-3　缺口半径

2）除采用别的条件如在高温或低温条件下实验外，都应在与状态调节相同的环境中进行实验。

3）测量每个试样中部的厚度和宽度或缺口试样的剩余宽度 b_N，精确到 0.02mm。

4）检查实验机是否有规定的冲击速度和正确的能量范围，破断试样吸收的能量在摆锤容量的 10%~80% 范围内。

5）进行空白实验，记录所测得的摩擦损失，该能量损失不得超过表 19-2 中规定的值。如果摩擦损失小于或等于表 19-2 中所规定的值，此值才可用在修正吸收能量的计算中，如果超过表 19-2 中所规定的值，就应仔细检查其原因并对实验机进行校正。

6）抬起并锁住摆锤，把试样放在虎钳中，按要求夹住试样（也称正置试样冲击）。测定缺口试样时，缺口应在摆锤冲击刃的一边。

7）释放摆锤，记录试样所吸收的冲击能，并对其摩擦损失等进行修正（见表 19-2）。

8）试样可能会有四种破坏类型：完全破坏（试样断开成两段或多段）、铰链破坏（断裂的试样由没有刚性的很薄的表皮连在一起的一种不完全破坏）、部分破坏（除铰链破坏外的不完全破坏）和不破坏。测得的完全破坏和铰链破坏的值用以计算平均值。在部分破坏时，如果要求部分破坏，其值则以字母 P 表示。完全不破坏时以 NB 表示，不报告数值。

9）在同一样品中，当有部分破坏和完全破坏或铰链破坏时，应报告每种破坏类型的算术平均值。

10）将试样用反置冲击方式，重复实验步骤4）~9）。

2. 实验结果计算及表达

1）无缺口试样悬臂梁冲击强度 a_{iu}（kJ/m^2）：

$$a_{iu} = \frac{W}{h \cdot b} \times 10^3 \qquad (19-5)$$

式中　W——破坏试样所吸收并经过修正后的能量，J；

　　　h——试样厚度，mm；

　　　b——试样宽度，mm。

2）缺口试样悬臂梁冲击强度 a_{iN}（kJ/m^2）：

$$a_{iN} = \frac{W}{h \cdot b_N} \times 10^3 \qquad (19-6)$$

式中　W——破坏试样所吸收并经修正后的能量，J；

　　　h——试样厚度，mm；

　　　b_N——试样缺口底部的剩余宽度，mm。

3）计算一组实验结果的算术平均值，取两位有效数字。在一种样品中存在不同的破坏类型时，应注明各种破坏类型试样数目和算术平均值。

4）标准偏差 s：

$$s = \sqrt{\frac{\sum (X_i - \bar{X})^2}{n-1}} \qquad (19-7)$$

式中　s——标准偏差；

　　　X_i——单个测定值；

　　　$\bar{X}$——一组测定值的算术平均值；

　　　n——测定值个数。

五、数据记录与处理

（一）简支梁冲击实验

记录实验数据并撰写实验报告，包括以下内容：

1）材料名称、规格、来源、制造厂家等信息。

2）试样的制备及缺口加工方法、取样方向。

3）试样数目、类型、尺寸和缺口类型。

4）试样状态调节和实验的标准环境，以及受试材料或产品标准所要求的特殊处理。

5）摆锤的最大能量、冲击速度。

6）缺口试样或无缺口试样冲击强度的算术平均值、标准偏差和变异系数。

7）试样的破坏类型及试样破坏百分率。

8）如果同样材料观察到一种以上的破坏类型，须报告每种破坏类型的平均冲击值及破坏百分率。

9）实验日期及实验人员；

10）解答思考题。

（二）悬臂梁冲击实验

记录实验数据并撰写实验报告，包括以下内容：

1）材料的名称、型号、来源、制造代号、等级、形式等。

2）冲击速度。

3）摆锤公称能量。

4）试样的制备方法。

5）试样数目、类型、尺寸和缺口类型等。

6）如果材料为成品或半成品，应注明试样在成品或半成品中的方位。

7）试样状态调节和实验的标准环境，以及受试材料或产品标准所要求的特殊处理。

8）悬臂梁冲击强度的算术平均值，并报告观察到的破坏类型。

9）如果有要求时，报告平均值的标准偏差及95%置信区间。

10）实验日期及实验人员。

11）解答思考题。

六、注意事项

在实验过程应需注意以下几点：

1）未经老师许可，不得擅自操作和触动仪器。

2）实验操作过程中注意安全，尤其在加工缺口及摆锤摆动进行试样冲击时。

3）实验结束后，清理工具，打扫卫生。

七、思考题

1）简支梁冲击实验中哪些因素会影响测定结果？

2）简支梁冲击实验缺口试样与无缺口试样的冲击实验现象有何不同？哪些试样材料应采用缺口试样或有无缺口两种试样都应测试？

3）影响悬臂梁冲击实验结果误差的因素有哪些？

4）正置缺口和反置缺口冲击的区别是什么？如何确定使用何种方式进行冲击？

5）如果试样上的缺口是机械加工而成，加工缺口过程中，哪些因素会影响测定结果？如何影响？

6）悬臂梁和简支梁冲击时，试样受到的作用力有何区别？选择使用这两种方法之一的依据是什么？

八、参考文献

［1］谭寿再. 塑料测试技术［M］. 北京：中国轻工业出版社，2013.

［2］陈厚. 高分子材料分析测试与研究方法［M］. 北京：化学工业出版社，2018.

［3］高炜斌. 高分子材料分析与测试［M］. 北京：化学工业出版社，2017.

实验二十　塑料邵氏硬度测定

硬度是物质保持其本身形状不变的性质。塑料的硬度通常是指塑料材料抵抗一种视为不发生弹性和塑性变形的刚性物质对它压入力的能力，其数值大小可认为是塑料软硬程度有条件的定量反映。塑料硬度虽然没有像金属材料硬度与其他力学性能之间有固有的对应关系，但是硬度仍然是材料开发研究中质量控制和产品检验的一项重要指标。

一、实验目的

1）了解塑料硬度的概念及表示方法。

2）掌握邵氏硬度测量的基本原理及测量方法。

二、实验原理

邵氏硬度计是测定硫化橡胶和塑料制品硬度的仪器，具有结构简单、使用方便、型小体轻、读数直观等特点，既可以随身携带手持测量，也可以装配在配套的邵氏硬度计测试机架上使用。邵氏硬度计是将规定形状的压针，在标准的弹簧压力下和规定的时间内，把压针压入试样的深度转换为硬度值，以表示该试样材料的邵氏硬度值的一种测量设备。

邵氏硬度计有指针式和数显式两种，型号有邵氏 A 型、C 型和 D 型，其区别在于测量硬度范围不同。

1）邵氏 A 型硬度计，主要用于塑料合成橡胶及其他相关化工制品（皮革、多元脂、蜡等硬度）的硬度测量，读数用 H_A 表示。

2）邵氏 C 型硬度计是测定压缩率为 50% 时应力为 0.5kg/cm² 以上的含有发泡剂制成的橡塑微孔材料的硬度值的，也可用于测定类似硬度的其他材料，读数用 H_C 表示。

3）邵尔 D 型硬度计适用于一般硬橡胶、硬树脂、亚克力、玻璃、热塑性塑胶、印刷板、纤维等高硬度材料的硬度测试，读数用 H_D 表示。

A 型和 D 型邵氏硬度计主要由读数度盘、压针、下压板及压针施加压力的弹簧组成。压针的尺寸及其精度如图 20-1 所示。

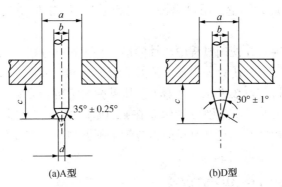

(a)A型　　　　　　　　　　　　(b)D型

图 20-1　邵氏 A 型和 D 型硬度计压针

a—$\phi3.00\pm0.50$；b—$\phi1.25\pm0.15$；c—$\phi2.50\pm0.04$；d—$\phi0.79\pm0.03$；r—$\phi0.1\pm0.012$

（1）读数度盘

度盘为 100 分度，每一分度相当于一个邵氏硬度值。当压针端部与下压板处于同一平面时，即压针无伸出，硬度计度盘指示为 100；当压针端部距离下压板（2.50 ± 0.04）mm 时，即压针完全伸出，硬度计度盘应指示为 0。

（2）压力弹簧

压力弹簧对压针所施加的力应与压针伸出压板位移量有恒定的线性关系。所施加的力的大小与硬度计所指刻度的关系如式（20-1）~式（20-4）所示：

A 型硬度计：

$$F_A = (56+7.66)H_A \quad (\text{gf}) \tag{20-1}$$

$$F_A = (549+75.12)H_A \quad (\text{mN}) \tag{20-2}$$

D 型硬度计：

$$F_D = 45.36H_D \quad (\text{gf}) \tag{20-3}$$

$$F_D = 444.83H_D \quad (\text{mN}) \tag{20-4}$$

式中　F_A、F_D——弹簧施加于 A 型和 D 型硬度计压针上的力，mN 或 gf；

　　　H_A、H_D——A 型硬度计和 D 型硬度计的读数。

（3）下压板

为硬度计与试样接触的平面，它应有直径不小于 12mm 的表面，在进行硬度测量时，该平面对试样施加规定的压力，并与试样均匀接触。

（4）测定架

应备有固定硬度计的支架、试样平台（其表面应平整、光滑）和加载重锤。实验时硬度计垂直安装在支架上，并沿压针轴线方向加上规定质量的重锤，使硬度计下压板对试样有规定的压力。对于邵氏 A 型硬度计为 1kg，邵氏 D 型硬度计为 5kg。

硬度计的测定范围为 20~90，当试样用 A 型硬度计测量硬度值大于 90 时，改用邵氏 D 型硬度计测量，用 D 型硬度计测量硬度值低于 20 时，改用 A 型硬度计测量。

硬度计的校准：在使用过程中压针的形状和弹簧的性能都会发生变化，因此对硬度计的弹簧压力、压针伸出最大值及压针形状和尺寸应定期检查校准，推荐使用邵氏硬度计检定仪校准压针弹簧力。压针弹簧力的检定误差，A 型硬度计要求偏差在±0.4g 之内，D 型硬度计偏差在±2.0g 以内。若无邵氏硬度计检定仪，也可用天平秤来校准，只是被测得的力应等于硬度与所指刻度关系式所计算的力（A 型偏差±8g，D 型偏差±45g）。

三、实验原材料和仪器设备

1. 仪器设备

A 型邵氏硬度计。

2. 实验原材料

聚丙烯块状材料。试样应厚度均匀，用 A 型硬度计测定硬度，试样厚度应不小于 3mm，除非产品标准另有规定。当试样厚度太薄时，可以采用两层、最多不超过三层试样叠合成所需的厚度，并保证各层之间接触良好。试样表面应光滑、平整、无气泡、无机械损伤及杂质等。试样大小应保证每个测量点与试样边缘距离不小于 12mm，各测量点之间的距离不小于 6mm。可以加工成 50mm×50mm 的正方形或其他形状的试样。每组试样的测量点不少于 5 个，可在一个或几个试样上进行。

四、实验步骤

1）按 GB/T 1039—1992《塑料力学性能实验方法总则》中第 2、第 3、第 4 条规定调节实验环境并检查和处理试样。对于硬度与温度无关的材料，实验前应在实验环境中至少放置 1h。

2）将硬度计垂直安装在硬度计支架上，用厚度均匀的玻璃片平放在试样台上，在相应的重锤作用下使硬度计下压板与玻璃片完全接触，此时读数盘指针应指示 100，当指针完全离开玻璃片时，指针应指示 0。允许最大偏差为±1 个邵氏硬度值。

3）将待测试样置于测定架的试样平台上，使压针头离试样边缘不少于 12mm，平稳而无冲击地使硬度计在规定重锤的作用下压在试样上，从下压板与试样完全接触 15s 后立即读数。如果规定要瞬时读数，则在下压板与试样完全接触后 1s 内读数。

4）在试样上相隔 6mm 以上的不同点处测量硬度至少 5 次，取其平均值。

注意：如果实验结果表明，不用硬度计支架和重锤也能得到重复性较好的结果，也可以用手压紧硬度计直接在试样上测量硬度。

五、数据记录与处理

1）硬度值表示：

从读数度盘上读取的分度值即为所测定的邵氏硬度值。用符号 H_A 表示邵氏 A 型硬度计的硬度。如用邵氏 A 型硬度计测得硬度值为 50，则硬度值表示为 H_A 50。实验结果以一组试样的算术平均值表示。

2）标准偏差（s）计算：

$$s = \sqrt{\frac{\sum (X - \bar{X})^2}{n - 1}} \qquad (20-5)$$

式中　X——单个测定值；

　　　$\bar{X}$——一组试样的算术平均值；

　　　n——测定个数。

六、注意事项

1）测试前硬度计及使用的检定器具，应在同一环境条件下至少放置 1h，保证测试环境条件一致；

2）测定前要检查硬度计的指针是否归零，如指针偏离零位，需调正；

3）测试试样要求厚度不小于 6mm，宽度不小于 15mm；

4）测试试样需保持表面光滑平整，无机械损伤或杂质等缺陷；

5）硬度计使用完毕后，放回原位，保持干燥。

七、思考题

1）硬度实验中为何对操作时间要求严格？

2）邵氏硬度 A 如何定义和表示？与金属材料的硬度测量相比有何特点？

3）影响邵氏硬度 A 硬度实验的因素有哪些？实验中如何保证测试结果的准确性？

八、参考文献

[1] 陈火成. 浅析指针式 A 型邵氏硬度计硬度测定值影响因素和解决对策 [J]. 计量与测试技术，2014，41（5）：31-32+35.

[2] 陈明华，何广霖. D 型邵氏硬度计检定方法 [J]. 中国计量，2009（8）：121-123.

[3] 王振宇，孙钦密，任翔. 邵氏硬度计校准装置的设计与应用 [J]. 中国计量，2018（3）：105-106.

第三节　高分子材料的热性能

实验二十一　PVC 热稳定性能的评价

聚氯乙烯(polyvinyl chloride, 简称 PVC)因为自身的结构缺陷, 加工时易发生分解反应, 释放 HCl 生成不饱和共轭多烯, 导致制品变色、变硬、烧焦。为了克服 PVC 在加工过程中颜色变化的问题, 通常需要在 PVC 制品中加入热稳定剂。热稳定剂可以通过取代不稳定的氯原子、中和 HCl、与不饱和部位发生反应等方式抑制 PVC 的降解。一种性能优良的热稳定剂不仅能起到抑制或者推迟 PVC 大分子链降解的作用, 还必须能提供优良的外观性能以及加工性能。因此, 热稳定性的评价方法也就显得极为重要。本实验以铅盐复合稳定剂和 PVC 共混, 利用热重分析法评价 PVC 的稳定性。

一、实验目的

1) 了解热重分析法的基本原理以及有关仪器的基本构造。

2) 掌握通过热重分析法测定聚合物热稳定性的方法; 掌握热重分析法图谱的解析方法。

二、实验原理

热重分析法(TG)是在程序控制温度下, 测量物质的质量与温度关系的方法。利用热重分析法, 可以测定材料在不同气氛下的热稳定性与氧化稳定性, 可对分解、吸附、解吸附、氧化、还原等物化过程进行分析(包括利用 TG 测试结果进一步作观反应动力学研究); 可对物质进行成分的定量计算, 测定水分、挥发成分及各种添加剂与填充剂的含量。

热重分析仪一般由四部分组成, 分别是电子天平、加热炉、程序控温系统和数据处理系统(见图 21-1)。根据测量质量变化的方法不同, 热重分析可分为零位法和变位法两种, 变位法根据天平梁的倾斜度和质量变化成正比的关系, 用差动变压器检测倾斜度, 并自动记录; 零位法采用差动变压器法、光学法测定天平梁的倾斜度, 并用螺线管线圈对安装在天平中的永久磁铁施加力, 使天平梁的倾斜复原, 所施加的力与质量变化成正比, 又与线圈中的电流成正比, 因此只需测量并记录电流, 便可得到质量变化曲线(TG 曲线)。以样品的质量变化速率(dm/dt)对温度 T(或时间 t)作图, 可得微分热重曲线(DTG 曲线)。如图 21-2 所示, 反应起始温度(起始分解温度)T_i 和反应终了温度 T_f 之间的温度区间称反应区间。亦可将 G(切线交点)点取作 T_i 或以失重达到某一预定值(5%、10% 等)时的温度

作为 T_i，将 H(切线交点)点取作 T_f。T_p 表示最大失重速率温度，对应 DTG 曲线的峰顶温度。通常起始分解温度 T_i 可以表征聚合物的热稳定性。

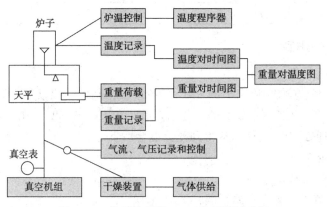

图 21-1　热重分析仪 TG 工作原理示意图

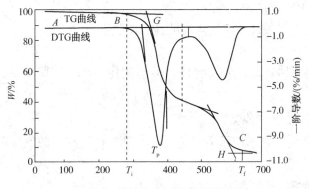

图 21-2　典型高分子材料热重图谱

在热重分析测定中，升温速率会影响起始分解温度，速率增快，使测得的分解温度偏高，升温速率一般为 $5\sim10\,℃/min$。试样的颗粒不宜太大，否则会产生爆裂而造成 TG 曲线异常。

三、实验原材料与仪器设备

1. 仪器设备

热重分析仪（TGA）：1 台；

电子天平：1 台；

双辊开练机或密炼机：1 台。

2. 实验原材料

聚氯乙烯、邻苯二甲酸二辛酯、碳酸钙、硬脂酸、铅盐复合稳定剂。

PVC 基本配方参见表 21-1。

原　料	PVC	增型剂 DOP	CaCO₃	润滑剂 HSt	铅盐复合稳定剂
份数	100	5	5	0.6	0.5, 1, 1.5, 2

表 21-1 　 PVC 基本配方 　　　　　　　质量份

四、实验步骤

1. 试样的制备

按照基础配方称取相应量的 PVC 和各组分，其中，铅盐复合稳定剂分别加入 0.5 份、1 份、1.5 份、2 份。混合均匀后，在 165~170℃下在双辊开炼机上混炼 5min，薄通 2~3 次，使物料得到充分混合后下片。

2. 仪器使用步骤

1）称取适量样品于坩埚中。

2）打开盖子，装入样品坩埚，关上盖子。

3）在软件中设定温度程序与气氛等条件。氮气气氛，50mL/min，升温从室温至 700℃，升温速率 10℃/min。

4）初始化工作条件，如气体流量、抽真空等。

5）开始测量。

6）实验结束后，依次关闭软件，退出操作系统，关闭仪器及计算机开关，清理实验台。

五、数据记录与处理

根据 TG 图谱，判断加入不同份数稳定剂的 PVC 样品的热稳定性，标定每个阶段失重的成分。

六、注意事项

1）样品的粒度不宜太大，要装填密实。同批实验样品的粒度和装填密实度要一致。

2）测试过程中，应对试样的热分解或升华情况有个初步估计，以免造成仪器的污染。

3）测试完毕，清洁试验台，整理药品。

七、思考题

1）简述 TG 实验在高分子材料分析中的其他应用。

2）影响 TG 实验结果的因素有哪些？

3）分析 PVC 中加入稳定剂后，TG 图谱的变化。

八、参考文献

[1]梁坤，李荣勋，刘光烨. PVC 热稳定性能评价方法的研究[J]. 塑料科

技，2009，37(9)：29-33.

[2]陈厚.高分子材料加工与成型实验[M].北京：化学工业出版社，2018.

[3]陈厚.高分子材料分析测试与研究方法[M].北京：化学工业出版社，2018.

实验二十二　聚丙烯的热老化性能测定

聚丙烯(PP)的综合性能优异、性价比高，已被广泛用于家电、汽车、家具及日用品等领域，但其是一种易被氧化的热塑性树脂。由于 PP 主链存在大量的叔碳原子，这些叔碳原子在热的作用下会发生脱氢反应，最终导致 PP 材料的老化，表现为泛黄、失去光泽、表面龟裂、力学性能大幅度下降等。小家电行业经常使用的耐高温PP，由于长时间处于较高温度的环境中，因而其受的热氧老化作用更加明显，这就要求材料一方面在短时间内能够承受较高的温度，另一方面则要求其具备良好的长期耐热性，即优异的耐热氧老化性能。

一、实验目的

1）了解评价材料的热老化性能的方法。

2）了解热空气老化实验箱的结构、工作原理。

3）掌握材料热空气老化性能指标的表征方法及数据分析。热空气老化实验是常用的热老化试验之一。

二、实验原理

为了研究塑料的耐热性能和开发新型的耐热塑料，热老化实验已经成为重要的实验研究手段之一。

热空气老化实验是塑料在高温常压下的空气中进行的常用老化实验(又称热氧老化实验之一)，该实验是将塑料试样置于给定条件的热老化实验箱中，使其经受热和氧的作用加速老化。周期性对样品进行外观和性能测试，从而研究材料的老化机理和老化程度，可以用来评价塑料对高温的适应性以及进行材料高温适应性的相互比较。

采用热空气老化箱进行老化试验，老化箱应符合下列求：

1）具有连续鼓风装置以及进气孔和排气孔；

2）箱内装有能转动的试样架；

3）必须有温度控制装置，控制温度的精度在±1℃以内；

4）以老化箱工作室中央的温度作为试验温度；

5) 老化箱的空气置换率为 3~10 次/h。

三、实验原材料与仪器设备

1. 仪器设备

热空气老化实验箱：1 台；

万能拉力试验机：1 台；

注塑机：1 台。

2. 实验原材料

试样为哑铃状聚丙烯样条，其形状符合拉伸实验标准。每种实验样品不少于 10 条，其中 5 个测其老化前的拉伸强度、断裂伸长率等，其余 5 个试样做老化实验。

四、实验步骤

1. 试样制备

利用注塑机注射成型 10 个以上聚丙烯样条。

2. 调节实验箱

根据实验需要，调节实验条件，老化温度可选择 50℃、70℃、100℃、120℃、150℃、200℃、300℃ 等，温度允许偏差 ±2℃；老化时间可选择 10h、20h、30h、40h、50h 或更长的时间。

3. 放置试样

开启老化箱，待温度稳定后，将试样用夹子悬挂在老化箱中，控制适当的高度和间距，确保样品所在的实验区域温度分布符合误差规定。

4. 取样

将试样放入恒温的老化箱内，即开始计算老化时间，到达规定的时间后，立即取出。这一步也可以按照规定的实验周期执行周期取样。

5. 性能检测

取出的试样在室温下放置 4h 以上，根据所选定的项目，按照有关塑料性能测试方法，检测试样老化后性能的变化。

五、数据记录与处理

1) 记录老化前后试样的外观、力学性能值，包括拉伸强度、断裂伸长率等。

2) 根据外观和性能的变化评价其热老化性能。

六、注意事项

1) 将试验样品逐个编号后钩挂于样品转盘上，彼此以不相互接触碰撞为宜。

2) 试验前检查各部位和控制仪表是否正常。

3) 实验过程中，除非有必要，不要打开箱门，箱门内侧仍然保持高温。

4) 严禁利用热空气老化实验箱干燥处理易爆、易燃、易挥发的物品。

七、思考题

1）哪些高分子材料比较容易老化？举例说明。

2）试验箱内的温度、鼓风对试样的热老化性能有何影响？

3）分析提高聚丙烯塑料的热老化性能的途径。

八、参考文献

［1］刘弋潞．高分子材料加工实验［M］．北京：化学工业出版社，2018．

［2］王琦，袁正凯，皮正亮，等．耐高温聚丙烯的热氧老化性能研究［J］．合成材料老化与应用，2017，46（4）：32-36．

第四节　高分子材料的电性能

实验二十三　高分子材料的体积电阻率和表面电阻率测试

高分子材料的电学性能是指在外加电场作用下高分子材料所表现出来的介电性能、导电性能、电击穿性能以及与其他材料接触、摩擦所引起的表面静电性质等，其中导电性能是其最基本的性能之一。多数高分子材料具有卓越的电绝缘性能，其电阻率高、介电损耗小，电击穿强度高，且具有良好的力学性能、耐化学腐蚀性及易成型加工性能，已成为电气工业不可或缺的绝缘材料。本实验通过高阻计法测定与尺寸无关的体积电阻率和表面电阻率，表征高分子材料的导电性能。

一、实验目的

1）掌握 ZC36 型超高电阻计的基本构造和测试原理。

2）掌握使用高阻计法测定高分子材料样品的体积电阻率和表面电阻率的方法。

二、实验原理

高分子材料可以是绝缘体、半导体、导体和超导体，其导电性能可用电阻率（电导率的倒数）来表征，见表 23–1。

表 23–1　各种材料的电阻率范围

材　料	电阻率/$(\Omega \cdot m)$	材　料	电阻率/$(\Omega \cdot m)$
绝缘体	$10^7 \sim 10^{18}$	导体	$10^{-8} \sim 10^{-5}$
半导体	$10^{-5} \sim 10^7$	超导体	$\leqslant 10^{-8}$

高分子绝缘材料常用作电网络各部件的相互绝缘或对地绝缘，必须具有足够的绝缘电阻。而绝缘电阻取决于体积电阻和表面电阻，环境温度、湿度对体积电阻和表面电阻都有很大的影响。相关名词术语如下：

（1）绝缘电阻 R

施加在与试样相接触的两电极之间的直流电压除以通过两电极的总电流所得的商。

（2）体积电阻 R_v

在试样的相对两表面上放置的两电极间所加直流电压 V 与流经两个电极之间的稳态电流 I_v 之商；该电流不包括沿材料表面的电流。在两电极间可能形成的极化忽略不计。

（3）体积电阻率 ρ_v

绝缘材料里面的直流电场强度与稳态电流密度之商，即单位体积内的体积电阻。

（4）表面电阻 R_s

在试样的某一表面上两电极间所加电压 V 与经过一定时间后流过两电极间的电流 I_s 之商；该电流主要为流过试样表层的电流，也包括一部分流过试样体积的电流成分。在两电极间可能形成的极化忽略不计。

（5）表面电阻率 ρ_s

在绝缘材料的表面层的直流电场强度与线电流密度之商，即单位面积内的表面电阻。

根据上述定义，绝缘体的电阻测量基本上与导体的电阻测量相同，其电阻一般都用电压与电流之比得到。现有的方法可分为三大类：直接法、比较法、时间常数法。

这里介绍直接法中的直流放大法，也称高阻计法。该方法采用直流放大器，对通过试样的微弱电流经过放大后，推动指示仪表，测量出绝缘电阻，基本原理如图 23-1 所示。

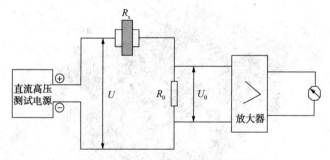

图 23-1　ZC36 型高阻计测试原理图

图 23-1 中，U 为测试电压，V；R_0 为输入电阻，Ω；R_x 为被测试样的绝缘电阻，Ω；U_0 为标准电阻两端电压，V；R_0 为标准电阻，Ω。当 $R_0 \ll R_x$ 时，则：

$$R_x = \frac{U}{U_0} R_0 \qquad (23-1)$$

测量仪器中有数个不同数量级的标准电阻，以适应测不同数量级 R_x 的需要，被测电阻可以直接读出。高阻计法一般可测 $10^{17}\Omega$ 以下的绝缘电阻。

三、实验原材料与仪器设备

1. 仪器设备

ZC36 型超高电阻微电流计、螺旋测微器。

本实验选用 ZC36 型超高电阻微电流计（见图 23-2），此微电流计是一种直读式的测超高电阻和微电流的两用仪器。测量范围为 $10^6 \sim 10^{17}\,\Omega$，误差 $\leqslant 10\%$。

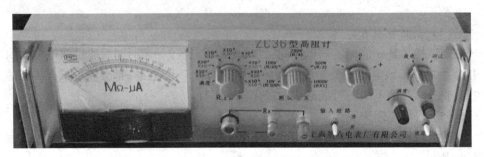

图 23-2　ZC36 型高阻计外形图

为准确测量体积电阻和表面电阻，一般采用三电极系统，圆板状三电极系统如图 23-3 所示，可按图 23-4 所示接线。测量体积电阻 R_v 时，保护电极的作用是使表面电流不通过测量仪表，并使测量电极下的电场分布均匀。测量表面电阻 R_s 时，保护电极的作用是使体积电流减少到不影响表面电阻的测量。

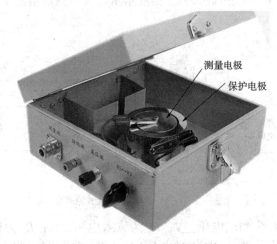

图 23-3　三电极电阻测量系统

2. 实验原材料

（1）试样

不同比例的聚丙烯与碳酸钙共混物样片（$\phi 100$ 圆板，厚 2mm±0.2mm）5 只。

（2）预处理

试样应平整、均匀、无裂纹和机械杂质等缺陷。用蘸有酒精的绸布擦试样品表面，把擦净的试样放在温度（23±2）℃和相对湿度 65%±5% 的条件下处理 24h。测量表面电阻时，一般不清洗及处理表面，也不要用手或其他任何东西触及表面。

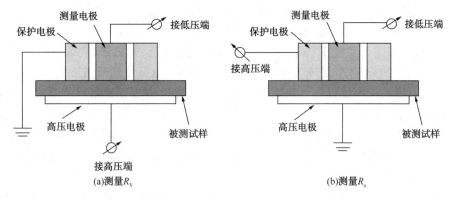

图 23-4　体积电阻 R_v 和表面电阻 R_s 测量示意图

四、实验步骤

1. 准备工作

1）使用前，面板上的各开关位置应如下：

① 电源总开关置于"断"的位置；

② 倍率开关置于灵敏度最低档位置（1×10^2）；

③ 测试电压开关置于最低电压"10V"处；

④ "放电-测试"开关置于"放电"位置；

⑤ 输入短路开关置于"短路"；

⑥ 极性开关置于"0"。

2）检查测试环境的湿度是否在允许的范围内，当环境湿度高于 80% 时，测量较高的绝缘电阻（大于 $10^{11}\Omega$）会导致较大的误差。

3）电源应保持在 220V，必要时使用稳压器调节。

4）按图 23-4 所示连接仪器线路。将仪器接通电源，合上电源开关，仪器指示灯亮。

5）接通电源预热 30min，将极性开关置于"+"处，此时若仪表指针偏离"∞/0"处，可慢调"∞/0"电位器，使指针置于"∞/0"处，直至不再变动。

2. 电阻率测试

1）将被测试样放入电极箱，装好电极（上、下电极的中心处对齐），连通电路，盖上电极箱。注意勿使测量电极与保护电极相接触，以免烧坏仪器的晶体管。

2）将测试电压选择开关置于所需要的测试电压档（聚合物一般选择 100V）。

3）将"放电-测试"开关置于"测试"档，输入短路开关仍置于"短路"。对试样经一定时间的充电以后（一般为 15s），将输入短路开关拨至"测量"进行读数。

若指针很快打出满刻度，应立即将输入短路开关置于"短路"，"放电-测试"开关置于"放电"位置，等查明原因并排除故障后再进行测量。

当输入短路开关置于"测量"后，如果发现表头无读数或读数很小，可将倍率逐档升高，直至读数清晰为止(尽量取仪表刻线上 1~10 的范围读数)。

4) 以仪表示数乘以倍率开关指示的倍数及测试电压开关指示的系数即为被测试样的绝缘电阻值。

5) 测试时，如发现指针有不断上升的现象，这是由于电介质的吸收现象所致，若在很长时间内未能稳定，则一般情况下取接通测试开关后 1min 时的读数来计算试样的绝缘电阻值。

6) 一个试样测试完毕，即将输入短路开关置于"短路"处，"放电-测试"开关置于"放电"位置，经 1min 左右的放电，方能取出试样，以免受到电容中残余电荷的电击。若要重复测试，应将试样上的残留电荷全部放掉方能进行。

7) 然后进入下一个试样的测试，重复步骤 1)~3)。

8) 实验完毕，应先切断电源，将面板上各开关恢复到测试前的位置，拆除所有接线，将仪器安放保管好，打扫卫生。

五、数据处理

1) 体积电阻率 ρ_v：

$$\rho_v = R_v \frac{S}{D} \tag{23-2}$$

$$S = \frac{\pi}{4} d_2^2 = \frac{\pi}{4} (d_1 + 2g)^2 \tag{23-3}$$

式中　　ρ_v——体积电阻率，$\Omega \cdot m$；

R_v——测得的试样体积电阻，Ω；

S——试样面积，m^2；

D——试样厚度，m；

d_2——保护电极的内径，m；

d_1——测量电极直径，m；

g——测量电极与保护电极间隙宽度，m。

2) 表面电阻率 ρ_s：

$$\rho_s = R_s \frac{2\pi}{\ln(d_2/d_1)} \tag{23-4}$$

式中　　ρ_s——体积电阻率，$\Omega \cdot m$；

R_s——测得的试样表面电阻，Ω；

d_2——保护电极的内径，m；

d_1——测量电极的直径，m。

3）已知：$d_1=5cm$，$d_2=5.4cm$，$g=0.2cm$，将数据和处理结果填入表23-2。

表 23-2 电阻和电阻率

项　目	试样 1	试样 2	试样 3	试样 4	试样 5
厚度 D/m					
R_v/Ω					
R_s/Ω					
$\rho_v/(\Omega \cdot m)$					
$\rho_s/(\Omega \cdot m)$					

六、注意事项

1）试样与电极应加以屏蔽（将屏蔽箱合上盖子），否则，由于外来电磁干扰而产生误差，甚至因指针的不稳定而无法读数。

2）测试时，人体不可接触红色接线柱，不可取试样。因为此时"放电-测试"开关处在"测试"位置，该接线柱与电极上都有测试电压，危险！

3）测量 R_v 和 R_s 时，先将 R_v/R_s 转换开关置于"R_v"测量体积电阻，然后置于"R_s"测量表面电阻，以免材料被极化而影响体积电阻。当材料连续多次被测量后容易产生极化，会使测量工作无法进行下去，出现指针反偏等异常现象，这时须停止对这种材料测试，将其置于洁净处 8~10h 后再测量或者放在无水酒精内清洗、烘干，等冷却后再进行测量。

4）经过处理的试样及测量端的绝缘部分绝不能被脏物污染，以保证实验数据的可靠性。

七、思考题

1）为什么测试电性能时对试样要进行处理？对环境条件有何要求？

2）对同一块试样，采用不同的电压测量，测试电压升高时，测得的电阻值将如何变化？

3）高分子材料的分子结构与材料的电阻率有何内在联系？

4）通过实验说明为什么在工程技术领域中，用体积电阻率来表示介电材料的绝缘性质，而不用绝缘电阻或表面电阻率来表示？

八、参考文献

［1］华幼卿，金日光．高分子物理［M］．北京：化学工业出版社，2013.

［2］刘建平，宋霞，郑玉斌．高分子科学与材料工程实验［M］．北京：化学工业出版社，2017.

第三篇
综合和设计型实验

实验二十四　DVD盒的配方与注射成型

塑料注射成型是指塑料在注塑机加热料筒中塑化后，由柱塞或往复螺杆将塑料注射到闭合模具的模腔中形成制品的塑料加工方法。该方法能加工外形复杂、尺寸精确或带嵌件的制品，生产效率高。大多数热塑性塑料和某些热固性塑料（如酚醛塑料）均可用此法进行加工。用于注塑的物料须有良好的流动性，才能充满模腔以得到制品，但根据制品使用状态的要求，会对原料进行改性，常见的为增强、增韧改性。本次实验是进行DVD盒的注射成型。由于DVD盒要求经常开合，所以本次实验选择增韧改性的聚丙烯作为实验原料。

一、实验目的

1）掌握热塑性塑料注射成型的操作技能。

2）掌握DVD盒制品的结构特点、性能要求与原材料选择之间的关系。

3）掌握DVD盒注射成型工艺条件与注射制品质量的关系，从而具备制品质量缺陷原因分析及解决制品缺陷问题的能力。

二、实验原理

注射成型（injection molding）的工艺原理是将固态塑胶按照一定的熔点熔融，通过注射机器的压力，将塑胶用一定的速度注入模具内，模具通过水道冷却将塑胶固化而得到与设计模腔一样的产品，主要用于热塑性塑料的成型，也可用于热固性塑料的成型。注射成型的设备是注射机和注塑模具。注射成型过程包括加料、塑化、注射和模塑冷却四个阶段。注射成型应选择合理的设备和模具，制订合理的工艺条件，获取质量符合要求的合格制品。本实验以聚丙烯DVD盒成型为例，采用移动螺杆式注射机及相应的制品模具进行注射成型。

三、实验原材料与仪器设备

1. 仪器设备

双螺杆挤出造粒生产线：1条；

塑料注射成型机：1台；

塑料DVD盒制品模具：1套；

熔体流动速率测定仪：1台；

称重天平：1台；

其他物品（脱模剂、防锈油、铜刀、石棉手套等）：若干。

2. 实验原材料

由于DVD盒经常需要开合，对原材料韧性要求较高，故本次实验通过添加聚烯烃弹性体(polyolefin elastomer，简称POE)实现对PP的增韧改性，其参考配方见表24-1。原材料牌号及厂家自定，表24-1中括号内牌号仅供参考。其中PP选择注塑级，MFR值取1~40。实验时聚丙烯注射成型工艺条件可参考表24-2。

表 24-1　DVD 盒用增韧 PP 配方表　　　　　质量份

物料类别	物料名称	配　　比
树脂	PP(T30S)	100
增韧剂	POE(8200)	20
填料	碳酸钙	12
抗氧剂1010	四丙酸季戊四醇酯1010	1.3

表 24-2　常用塑料注射成型工艺条件表

树脂名称	螺杆转速/(r/min)	喷嘴		料筒温度/℃			模具温度/℃	注射压力/MPa	保压压力/MPa	注射时间/s	保压时间/s	冷却时间/s	总周期/s
		形式	温度/℃	前	中	后							
PP	30~60	直通式	170~190	180~200	200~220	160~170	40~80	70~120	50~60	1~5	20~60	10~50	40~120

四、实验步骤

1) 测量DVD成型所选择PP物料的MFR。

2) 增韧改性PP料的造粒：

① 按配方用天平准确计量好各种原材料和辅助材料，再放入物料混合机内混合均匀。

② 将搅拌均匀后的混合料，加入双螺杆挤出机上喂料机的料斗内。

③ 对物料进行加热塑化，进行增韧PP料的挤出造粒。

④ 物料装袋。

3) DVD盒注射成型准备工作：

① 详细观察、了解注射机的结构、工作原理、安全操作等。

② 了解聚丙烯的规格及成型工艺特点，拟定各项成型工艺条件，并对原料进行预热干燥备用。

③ 安装模具并进行试模。

4) DVD盒的注射成型：

① 闭模及高压闭模。由行程开关切换实现"慢速—快速—低压慢速—高压闭紧"的闭模过程。

② 注射机机座前进并对中抵紧模具的主流道口。

③ 注射。

④ 保压及冷却。

⑤ 加料预塑。可选择固定加料或前加料或后加料等不同方式。

⑥ 开模，DVD 盒制品顶出。由行程开关切换实现"慢速—快速—慢速—停止"的启模过程。

⑦ 螺杆退回，进入下一个制品循环。根据实验的要求可选用手动、半自动、全自动三种操作方式，进行实验。

5）DVD 盒制品质量分析。观察制品是否存在缺陷，并分析缺陷出现的原因，再进行工艺调节解决制品缺陷问题。

五、数据记录与处理

1. 数据记录

观察所得的试样制品的外观质量。常见的制品质量缺陷包括飞边、翘曲、缺料、凹痕、气泡、烧焦和银纹等。

2. 数据处理

从记录的每次实验条件分析对比试样质量的关系并撰写实验报告，具体内容如下：

1）实验目的和实验原理。

2）实验仪器/设备、原材料名称及型号。

3）实验操作步骤。

4）实验结果表述。

5）实验现象记录及原因分析。

6）解答思考题。

六、注意事项

1）未经老师同意，不得擅自操作和触动设备的各个部分。

2）清理模具时，用规定工具清理，不能用其他硬物刮。

3）操作人员必须戴手套，以防止烫伤。

4）模具喷涂防锈油，为防止模具咬合，闭模时注意不要完全锁紧模具，必须留出少许间隙。

5）实验结束后按 5S 现场管理法要求清理工具，打扫实验场地。

七、思考题

1）POE 用于增韧 PP，其添加量越多越好吗？如果不是，请说明原因。

2）注射成型 DVD 盒容易出现什么缺陷？怎样从工艺上予以改善？

3）注射成型 DVD 盒所用模具有什么特点？

八、参考文献

［1］张金柱．新型热塑性弹性体 POE 的性能及其在 PP 增韧改性中的应用［J］．塑料科技，1999，（2）：5-7.

［2］周华民．塑料注射成型综合实验［M］．北京：机械工业出版社，2010.

［3］刘青山．塑料注射成型技术［M］．北京：中国轻工业出版社，2010.

实验二十五　PP 薄膜配方及工艺研究实验

　　PP 是一种无色、无臭、无毒、半透明的固体物质，是一种性能优良的热塑性合成树脂，为热塑性轻质通用塑料。其具有耐化学性、耐热性、电绝缘性、高强度机械性能和良好的高耐磨加工性能等，这使得 PP 自问世以来，便迅速在机械、汽车、电子电器、建筑、纺织、包装、农林渔业和食品工业等众多领域得到广泛的开发应用。吹塑成型是塑料薄膜的主要成型方法之一，本次实验即利用挤出吹膜机组进行 PP 薄膜的吹塑成型工艺实验，并对影响薄膜质量的因素进行工艺分析。

一、实验目的

　　1）了解挤出机、挤出吹膜机组构成及吹塑薄膜生产工艺过程。

　　2）掌握挤出吹膜机组的操作。

　　3）掌握 PP 薄膜吹塑成型工艺参数（塑化温度、吹胀比、牵引比）的作用及其对 PP 薄膜质量的影响。

　　4）掌握 PP 薄膜吹塑成型工艺的控制要点。

二、实验原理

　　薄膜吹塑也称平折膜管挤塑或吹胀薄膜挤塑。其原理是将塑料加入挤出机中经熔融后自前端口模的环形间隙中挤出呈圆筒（管）状，由机头之芯棒中心孔处通入压缩空气，把圆筒状塑料吹胀呈泡管状（一般吹胀 2～3 倍），此时泡筒状塑料纵横间都有伸长，可获得一定吹胀倍数的泡管，用外侧风环冷却（有时也附加内冷），然后进入导向夹板和牵引夹辊把泡管压扁，阻止泡管内空气漏出以维持所需恒定吹胀压力，压扁泡管即成平折双层薄膜，其宽度通常称为折径。薄膜在牵引辊连续进行纵向牵伸，以恒定的线速度进入卷取装置卷成制品。此时，牵引辊同时也是压辊，因为牵引辊完全压紧吹胀了圆筒形薄膜，使空气不能从挤出机头与牵引辊之间的圆筒形薄膜内漏出来，这样膜管内空气量就恒定，从而保证薄膜具有一定的宽度。

三、实验原材料与仪器设备

1. 仪器设备

吹膜主机：1 台；

吹膜机组(含辅机及螺旋吹膜机头)：1 台(套)；

空气压缩机：1 台；

熔体流动速率测定仪：1 台；

其他用品(钢尺、铜棒、石棉手套等)：若干。

2. 实验原材料

本次实验选用体流动速率为 6~12g/10min 的吹塑级 PP 树脂。本次实验用 PP 参考配方见表 25-1。薄膜用途为物品包装用膜。

表 25-1　吹塑薄膜用 PP 配方　　　　　　　质量份

类　　别	组 分 名 称	用　　量
主料	聚丙烯树脂	100
抗氧剂	抗氧剂 1010/264	0.1
卤素吸收剂	硬脂酸钙	0.5
光稳定剂	NBC	1.0
开口剂	白炭黑	2.0

四、实验步骤

1. 测定原料有关数据

利用熔体流动速率测定仪测量 PP 熔体流动速率是否符合要求。

2. 挤出造料

挤出造料过程可参考实验三。

3. 挤出吹塑 PP 薄膜

(1) PP 吹塑薄膜的工艺流程

本次实验在吹模主机和吹膜机组上进行。由于 PP 薄膜要求有较高的透明性，PP 熔体黏度小，因此选择有利于薄膜冷却、引膜容易的平挤下吹法进行 PP 薄膜的吹塑成型。其工艺流程一般为：加热→加料→挤出→吹胀→风环冷却→水环冷却→牵引→卷取→薄膜制品。

(2) PP 吹塑薄膜的工艺控制要点

1) 模头：可选用顶部(低)进料的螺旋机头。由于 PP 熔体黏度较小，模坯向下挤出时，模坯壁厚会因自重下垂而减薄，故其模头的间隙相对的大些，约 0.8~1.2mm，模头模口直径可根据 PP 的宽度、吹胀比进行设计，见表 25-2。本次实验薄膜折径为 300mm。

115

表 25-2　PP 吹塑薄膜的吹胀比选择表

薄膜折径/mm	120~200	200~320	240~400	300~500	600~800
模口直径/mm	80	100	150	200	350
吹胀比	1.0~1.6	1.3~2.0	1.0~1.7	1.0~1.6	1.0~1.4

2）冷却水环：冷却水环由冷却水槽和定型套管组成，冷却水环的定型管内径必须与膜泡外径相吻合。

3）干燥器：冷却水膜泡的水，经导向板（人字夹板）后流入水槽。从薄膜带走的水珠，需经干燥器除去水分。干燥器由两组电加热器组成，干燥器表面温度在 50℃ 以下，也可使用送风机吹风，加速除去薄膜水分。

4）卷取装置：PP 会产生后收缩，虽然经冷却定型，也要待 24h 才能稳定，采用无纸芯卷绕，薄膜从伞形卷绕轴取出后平置。若用纸芯卷绕，薄膜的后收缩会使膜卷出现暴筋，薄膜会产生变形。

（3）工艺设置

1）挤出机加热温度参见表 25-3。

表 25-3　PP 吹塑薄膜的主机各段温度　　　　　　　　　　℃

进料段	熔融段	出料段	连接段	模口段
150~180	180~200	20~220	210~220	200~210

2）冷却水环的冷却水温度：水温过高透明度差，夏季生产冷却水槽要加冷却水，冷却水温控制在 15~20℃。此外，冷却水环内的水流量过小或局部缺少，会造成薄膜厚度不均匀，若水流量过急，会冲击膜泡，使薄膜产生褶皱。

3）吹胀比：PP 的结晶度高，较难吹胀，故其吹胀比较小，一般取 1~2。

4）牵伸比：一般为 2~3，薄膜的牵伸速度不能过快，否则会影响其冷却定型。

5）螺杆转速：36~65r/min，主机螺杆直径 45mm，若主机螺杆直径为 75mm，则螺杆转速为 12~120r/min，机头表压为 50MPa；

6）口模间隙：一般取 0.8~1.2mm。

（4）操作步骤

1）按照挤出吹膜机组的操作规程，检查机组各部分的运转，加热和冷却是否正常。

2）根据聚丙烯的熔体流动速率，初步确定挤出温度范围，进行机台预热。

3）开机：在开机前用手拉动传动皮带，证实螺杆可以正常转动后方可开启电机，并在料斗加入适量物料，使其顺利塑化挤出。

4）调整：薄膜的厚薄公差可通过模唇间隙、冷却风环风量以及牵引速度的调整而得到纠正，薄膜的幅宽公差主要通过充气吹胀大小来调节。

5）取样：当调整完毕，薄膜幅宽、厚度等达到要求后取样。改变机身温度、机头温度、螺杆转速、牵引速度、风环风量等工艺条件再分别取样。

3. 薄膜质量及性能检验

进行薄膜尺寸及外观质量检验，并将薄膜试样进行拉伸强度、断裂伸长率、直角撕裂强度测试，验证实验原料选择、工艺条件设置的合理性。PP 吹塑薄膜常见质量缺陷分析具体见表 25-4。

表 25-4　PP 吹塑薄膜常见质量缺陷及其原因

序号	常见质量缺陷	原因分析及对策
1	膜面局部出现白斑	1）由模头挤出的膜管未接触到水环冷却水，就会出现白斑。应校准水环的水平度，同时将水环中心和模头中心的同心度校准在同一位置。最后校准水环四周的溢水量保持平衡。 2）水环内壁有污染物。水环长时间不用，空气中的油脂或灰尘会粘附在水环内壁，造成水流不均。应用洗涤剂进行清洗，保持水流均衡。 3）膜管内充气不足。膜管内充气不足会使膜管脱离水环，需及时补气以保证膜管和水环的接触良好。 4）薄膜厚薄不均。膜管最薄的部位膨胀加剧，经骤冷后形成白斑。应及时调整模口间隙，使薄膜厚薄均匀
2	合流纹	合流纹是薄膜成型后，在薄膜表面出现的深浅不一的竖向条纹，会对薄膜表面的光洁度产生较大影响。产生原因是： 1）机头设计不合理，出现规律性的合流纹。一般是由于内螺旋体设计或加工不到位，应改进或重置模头。 2）模头局部损伤，总在薄膜的同一个位置出现合流纹，应对模头进行整修。 3）模头或机身温度太高，合流纹总出现在某一个部位，调整温度（适当降低），使模头温度控制在 195~210℃ 之间为好。 4）模具里有杂物，特别是模口里存有异物，应及时清理。 5）模口表面有结痂，这是模口长期不清理或清理不到位所致，残余原料在长期高温下焦化积炭，造成模口粗糙，影响薄膜成形，需及时清理到位
3	横向厚度不均匀	薄膜圆筒一周测量厚薄不一致称为横向厚度不均匀，原因是： 1）模头模口间隙不一致，需要及时调整模口间隙。 2）模具四周温度不一致，电加热圈的规格和加工精度（绕制加热圈电热丝间隔距离误差太大），加热圈接口安装分布不匀，冷却风环吹制的冷却风是否影响模口温度，或加热圈部分损坏。逐一检查排除故障。 3）冷却水环安装位置不当，水环出水量不均匀，应调整水环位置和水流，确保一致。 4）冷却风环位置不当或出风量不一致，应调整风环位置和确保四周出风量完全一致。 5）模头出料口有异物，应及时拆卸清理模具。 6）混合原料配置不当，添加辅助原料的熔体流动速率差异太大，流动性不一致。应调整配方

序号	常见质量缺陷	原因分析及对策
4	纵向厚度不均匀	薄膜纵向一段厚、一段薄，即属于此例，原因如下： 1)供水量太多。水位高出水环顶部会造成溢水不均，造成薄膜厚薄不一致，应调整溢水量。 2)风环出风量太大。风量太大会对水环水流造成影响，最终导致薄膜厚薄不匀。应适当减小冷却风量。 3)风环安装距离不当。冷却风环离模具太近(这时离水环的距离就太大)，风环的压力对薄膜不起作用，应适当降低风环位置。 4)水环和模口之间的距离太大。膜泡在导出模口后靠自重下垂，造成薄膜纵向厚薄不匀。应缩短水环和模口的距离到适当位置。 5)过滤网堵塞。应用再生料的更应该注意这个问题，过滤网堵塞会造成出料不均，应及时更换过滤网。 6)机筒螺杆出料不匀。应检查机械传动和机筒螺杆的质量以及原料状况，找出影响出料不匀的原因，加以排除。 7)进料口温度太高。进料口温度太高会造成进料不匀，继而造成出料不一，需要及时调整进料口温度。 8)一次牵引传动配置不合理。特别是采用摆线减速传动的设计最容易出现该故障，原因是收卷张力稍大，就会带动一次牵引辊运行，造成牵引速度不规则变化。应改造设备解决。 9)水环和模口中心距离不准。应重新校准中心距离。 10)牵引辊或夹棍表面局部有杂物，形成规律性压制变形，出现纵向规律性厚薄不匀。应清除杂物或重新磨加工。 11)吹胀比太大或太小都有可能造成纵向厚薄不匀，一般控制在 1：(1~2)，不宜太大或太小
5	横向条纹和纵向条纹	薄膜表面横向或纵向出现条纹，并呈一定规律性属于此例，原因如下： 1)冷却水环的水流量太大，冲击薄膜表面形成不规则横向条纹，应适当降低水流量。 2)冷却水环结构设计不合理(特别是出水孔的位置和大小，以及大规格水环的内部结构)，应该改进水环结构。 3)模具内部受损，应及时整修。 4)模具内部有脏物，应及时清理。 5)模口积炭太多，应及时清除。 6)人字夹板表面有异物或受损，应清理或整修。 7)水环内壁有异物或受损，应及时清理或整修。 8)膜管直径太大，和水环接触太紧，应适当减少压缩空气。 9)模口温度太高，膜管呈不规则下垂，应降低模口温度

序号	常见质量缺陷	原因分析及对策
6	薄膜中间打皱	PP 薄膜中间打皱的现象比较普遍，需要及时调整，否则会产生大量废料，主要原因如下： 1）厚薄不均匀，应调整模口间隙和冷却水水流量以及冷却风环的出风量，确保薄膜的厚薄均匀度。 2）冷却水水量太小，薄膜在人字夹板上贴得太紧，应适当加大水流量（但也不能太大）。 3）牵引辊和模头中心位置不对称，应重新校准。 4）人字夹板夹角不对称，应调整人字夹板夹角。 5）人字夹板底部和一次牵引辊的中心位置偏移或张开角度不当，应及时调整。人字夹板底部的张开距离不宜太大，应在 2~5mm 为好。 6）定位式人字夹板容易产生中间温度高（膜泡携带温度对人字夹板传导温度所致），两侧温度偏低，从而导致薄膜中间薄、两边厚，尽量选用下旋转式牵引机可以解决此弊端，但设备投资成本相应较高
7	薄膜两边打皱	薄膜两边打皱是经常遇到的普遍现象，原因如下： 1）薄膜厚薄不均匀，应调整模口间隙使出料达到一致。 2）一次牵引夹棍两端压力不一致，应调整辊筒两端压力一致。 3）人字夹板张开角度不对称，使膜泡产生偏向。应调整人字夹板张开角度。 4）人字夹板下端和一次牵引辊中心不对称，应及时调整使两者中心对称。 5）冷却水环中心和模头中心发生偏移，应以调整。 6）冷却水环安装水平面不正，挤压一面膜管发生偏移，应调整水环水平度。 7）水流量太大，带动膜管被一起吸入一次牵引辊，应适当减小水流量
8	薄膜表面有白条	这种情况在吹制 PP 薄膜时经常会出现，没有实践经验的比较不易处置，原因如下： 1）牵引速度太慢，特别是吹制较宽、较厚的薄膜时，需要牵引速度较慢，水流量要加大，冷却风量也要同时加大，这时冷却风很容易使水环里的水产生波动（跳跃），造成水流不规则运作。所以特别应该注意模头、风环、冷却水环三者之间的相互配置和生产工艺的协调。 2）冷却不好也是一个重要因素。膜管和水环内壁接触不良，特别是四周接触不协调，会使冷却水环内壁产生累积空气，使膜泡表面局部得不到冷却。要解决这一问题，关键要求水环内壁绝对圆整、绝对光滑。有条件的，在确保内壁光滑的前提下对表面进行喷砂处理更好。 3）水环内壁有油腻。油脂会使水流产生不浸润现象，应该及时用清洗液清洗，并用清水冲刷干净。或者在水环内壁蒙上一层细纱布，以确保水流量平稳均匀

序号	常见质量缺陷	原因分析及对策
9	膜管摆动	吹膜过程中,膜管摇摆不定,成型困难属于此例,原因如下: 1)温度整体太高,应加以调整。 2)冷却风环风量超大,应减小风量。 3)收卷速度不稳定,检查机械或电气是否故障并及时排除。 4)冷却水环离开模口的距离太大,应适当缩短距离。 5)模口中心和水环中心没有校准,出现偏差,应重新校准。 6)设备周围空气流动太大,应对车间门窗等影响设备周围空气流动的部位加以限制。 7)原料配比有问题,需加以调整
10	薄膜透明度差	薄膜透明度差除了原料本身的质量因素外,其他原因如下: 1)原料塑化温度太低,应提高机身及模头温度。 2)冷却水环和模头的距离太大,应调整距离(一般在300mm左右)。 3)成型速度太快,应适当减小挤出量和减小牵引速度。 4)冷却水量太小,来不及实现骤冷,应适当加大水流量。 5)水温太高,应调低水温。 6)吹胀比太小,更换模头,调整吹胀比。 7)冷却风环风量太大,在薄膜没有进入水环之前已经局部冷却,造成膜面透明度不良,应降低冷却风风量

五、数据记录与处理

1. 数据记录

记录下列实验内容或数据:

1)原料牌号、规格、生产厂家名称;

2)列表写出挤出吹膜机组的技术参数;

3)列表写出操作工艺条件及制品的表观质量及性能;

4)分析原料、工艺条件对 PP 薄膜表观质量及性能的影响。

2. 数据处理

分析原料、工艺条件对 PP 薄膜质量影响的原因并撰写实验报告,具体内容如下:

1)实验目的和实验原理;

2)实验用仪器、设备、原材料名称及型号;

3)实验工艺条件、操作步骤;

4)实验结果表述;

5)实验现象记录及原因分析;

6)解答思考题。

六、注意事项

1）熔体被挤出之前，操作者不得处于口模的前方。

2）操作过程中严防金属杂质、小工具等物落入进料口中，以免损伤螺杆。

3）清理螺杆、口模或模具时，必须采用铜棒、铜刀或压缩空气管等工具，严禁使用硬金属制的工具(如三角刮刀、螺丝刀等)清理。

4）实验操作人员必须戴手套，以防止烫伤。

5）实验结束后，清理工具，打扫卫生。

七、思考题

1）PP 吹塑薄膜的工艺控制要点有哪些？对薄膜质量有何影响？

2）如何解决 PP 薄膜透明度差的缺陷？

3）PP 薄膜中间打皱的原因是什么？如何解决？

八、参考文献

［1］徐百平．塑料挤出成型技术［M］．北京：中国轻工业出版社，2011．

［2］于丁．吹塑薄膜［M］．北京：中国轻工业出版社，1987．

［3］刘晶如，黄文艳．塑料吹塑薄膜工艺实验中的注意点及应对措施［J］．高师理科学刊，2019，39(9)：96-99．

实验二十六　碳酸钙高填充聚丙烯复合材料的制备及性能研究

聚丙烯属于性能较均衡、价格较便宜的塑料，因此获得了广泛的研究和应用。碳酸钙是一种无机化合物，作为一种重要的建筑原料，在工业上用途甚广。将碳酸钙填充到聚丙烯中，可以降低材料成本。一般在材料性能符合使用要求的前提下，碳酸钙添加量越多则越能降低材料成本。

一、实验目的

1）掌握碳酸钙活化处理的方法。

2）了解碳酸钙填充聚丙烯复合材料的制备原理。

3）培养学生自主分析问题、解决问题和实际动手的能力。

二、实验原理

将碳酸钙填充到聚烯烃中作为填充剂，主要起改性和降低成本的作用。如果是为了降低成本，则希望填充得越多越好，同时不能使性能恶化，而材料性能取决于材料内部的细微结构尺寸及各种微结构之间的相容性。对于碳酸钙填充聚烯烃而言，填充量的多少取决于两个方面：一是碳酸钙颗粒的粒径情况；二是碳酸钙颗粒表面与聚烯烃基体材料的相容性。

碳酸钙在基体材料中的聚集体，对于大的颗粒（如粒径为 $10\mu m$ 的颗粒）来说就是其本身。对于小颗粒（如纳米粉体颗粒）来说，由于小颗粒表面张力较强，容易在聚烯烃基体材料中发生团聚，其聚集体是多个小颗粒的结合体，实际上也形成了大的聚集体。一般来说，颗粒越细，表面张力越强，越容易发生团聚。根据这一特点，选择合适粒径的碳酸钙是很有必要的，既不会因为粒径太大而使材料的性能恶化，又不会因为粒径太小而发生团聚。就具体的碳酸钙粒径而言，平均粒径约 $1\mu m$，最大粒径不超过 $10\mu m$ 的碳酸钙比较适合用于高填充聚丙烯复合材料的制备。

此外，由于碳酸钙属于无机材料，而聚烯烃属于有机材料，两者在化学极性上是不相容的，因此为了不影响材料的性能，对碳酸钙表面进行活化处理是必须的。在碳酸钙的活化处理上，需要解决两个问题：一是表面处理剂的选择；二是表面处理剂的用量。

表面处理剂主要包括硬脂酸、铝酸酯、钛酸酯类。多种表面处理剂复配能充分发挥单种表面处理剂的作用，同时还会产生协同效果。表面处理剂的用量，根据单分子层理论，用处理剂处理无机填料时，处理剂的用量根据经验公式计算：

处理剂用量(g)=填料用量(g)×填料表面积(m²)/处理剂最小包覆面积(m²)

在碳酸钙分散和填充中，有一次造粒和二次造粒两种方式，一次造粒过程可以按常规方式进行，将 PP 粉料与碳酸钙用高速混合机混合均匀，一次造粒制备专用料；二次造粒需要先制备碳酸钙母料，将 PP 粉料与碳酸钙用高速混合机混合均匀，用挤出机挤出造粒得到高碳酸钙含量的碳酸钙母粒，然后再将碳酸钙母粒与聚丙烯粒料混合，挤出机挤出造粒制备 PP/碳酸钙复合料。

三、实验原材料与仪器设备

1. 仪器设备

高速混合机：1台；挤出机：1台；
注射机：1台；偏光显微镜：1台；
万能试验机：1台；悬臂梁冲击试验机：1台；
鼓风干燥箱：1台；电子天平：1台；
熔体流动速率测试仪：1台。

2. 实验原材料

聚丙烯、碳酸钙、钛酸酯偶联剂、铝酸酯偶联剂、白油、硬脂酸、硬脂酸酯、活化剂。

四、实验步骤

1. 碳酸钙粉末的表面处理

表面处理剂的用量和处理方法参照本书实验一。

2. 碳酸钙母料的制备

选用 PP 粉料作基料，将 PP 粉料与经过表面处理的碳酸钙用高速混合机在常温下混合均匀，用挤出机挤出造粒得到高含量碳酸钙的碳酸钙母粒。

碳酸钙母料配方为：

40%PP 粉料+60%碳酸钙+0.05%抗氧剂 1010+0.05%抗氧剂 168+0.05%硬脂酸钙。

碳酸钙母料制备工艺条件：

双螺杆挤出机操作温度按七段控制，机身部分六段，机头部分一段。

加料口至机头温度：170℃、180℃、190℃、200℃、210℃、210℃；

机头口模：210℃；

主螺杆转速：100~140r/min；

喂料转速：10~14r/min。

3. PP/碳酸钙复合料的制备

将碳酸钙母料按 PP/碳酸钙复合料总量的 20%、30%、40%、50%、60%、70%称取，分别与相对应的 80%、70%、60%、50%、40%、30%聚丙烯粒料混合均匀。

将充分混合的 PP/碳酸钙物料通过双螺杆挤出机挤出造粒。

挤出工艺参数为：机筒一区温度为 180℃，机筒二区温度为 190℃，机筒三区温度为 200℃，机筒四区温度为 200℃，机筒五区温度为 210℃，机筒六区温度为 210℃，机头温度为 200℃；主螺杆转速为 120r/min；喂料转速为 12r/min。

4. 测试样条的制备

将制备的 PP/碳酸钙复合料放入 80℃的鼓风干燥箱干燥 2h 后，使用注塑机注塑得到测试所需的样条。注塑工艺参数为一段温度 180℃，二段温度为 200℃，三段温度为 210℃，机头温度为 210℃，注射压力为 8~10MPa。

5. 性能测试

拉伸性能按 GB/T 1040—2006 进行测试，试验速度 50mm/min；

简支梁缺口冲击强度按 GB/T 1043—2018 进行测试；

悬臂梁缺口冲击强度按 GB/T 1843—2008 进行测试；

熔体流动速率按 GB/T 3682—2018 进行测试，测试条件：实验温度 230℃，砝码质量 2.16kg，时间间隔 10~30s；

利用偏光显微镜观察 PP/碳酸钙复合料的结晶形态。

五、数据记录与处理

分别记录及讨论碳酸钙用量对 PP 复合材料流动性能、拉伸强度、冲击强度、断裂伸长率以及结晶结构的影响，并记录在表 26-1 中。

表 26-1　PP/碳酸钙复合材料的性能

样品编号	碳酸钙用量/%	PP 用量/%	拉伸强度/MPa	冲击强度/(kJ/m²)	熔体流动速率/(g/10min)	断裂伸长率/%	结晶形态
1	12	88					
2	18	82					
3	24	76					
4	30	70					
5	36	64					
6	42	58					

六、注意事项

1）在使用高速混合机时，严禁高温下打开机盖。

2）挤出操作过程中严防金属杂质、小工具等物落入进料口中，以免损伤螺杆。

3）实验结束后，清理工具，打扫卫生。

七、思考题

1）随着碳酸钙用量的增加，PP/碳酸钙复合材料的力学性能有何变化？

2）碳酸钙用量对 PP/碳酸钙复合材料的结晶性能有何影响？

3）试分析如何实现碳酸钙高组分填充 PP。

八、参考文献

［1］柳晨醒，杨睿. 碳酸钙高填充聚丙烯复合材料的制备及性能研究［J］. 广东化工，2018，45(19)：217-219.

［2］白新生. 碳酸钙高填充聚丙烯性能研究［J］. 化工设计通讯，2017，43(5)：132-135.

［3］Sullins T, Pillay S, Komus A, et al. Hemp fiber reinforced polypropylene composites：The effects of material treatments［J］. Composites，2017，114B(APR.)：15-22.

［4］石璞，陈浪，钟苗苗，等. 高组分纳米碳酸钙填充聚丙烯及增韧机理［J］. 高分子材料科学与工程，2015，31(10)：69-74.

［5］王德全. 增强聚丙烯复合材料［J］. 现代塑料加工应用，1994，(3)：53-57.

实验二十七　木粉/聚丙烯复合材料的制备与性能测试

木塑复合材料(WPC)是将木粉与塑料复合制得的复合材料,兼具木材和塑料的双重加工优势,不仅具有天然木材低密度、低成本、低设备磨损和良好的生物降解性的优点,而且具有塑料的防潮、防腐蚀能力以及不开裂、不翘曲等优点,已经被广泛应用在建筑、汽车、包装和物流等领域,成为近年来国内外发展迅速的一类新型复合材料。

一、实验目的

1)增进对生物质/高分子复合材料的了解,掌握改善木粉与聚丙烯相容性的方法。

2)增强独立思考、严谨踏实、协同配合的科学意识,培养自主分析问题、解决问题和实际动手的能力。

二、实验原理

WPC 的推广使用也受到木粉(或木纤维)的热稳定性差、木粉(或木纤维)分散较困难和界面粘结弱等问题的困扰,改善木塑界面间的相容性及混合的均匀性便是制取优良性能的复合材料的关键。

由于 PP 为非极性分子,而木粉表面具有强极性,导致二者相容性差,在填充大量木粉后 WPC 的力学性能迅速下降。解决这一问题的常用方法一是对木粉采用物理和化学预处理,即热处理法和碱处理法,确保木粉与 PP 树脂有良好的界面黏合;二是添加相容剂以提高纤维与塑料基体之间的相容性。马来酸酐接枝聚合物是在木塑复合材料改性中应用最多、效果较好的一类相容剂。

为了制得性能优良的 PP 木塑复合料,本实验首先对木粉进行预处理,然后添加马来酸酐接枝聚丙烯(PP-g-MAH),与 PP 通过熔融共混制备 PP 木塑复合料,并对其力学性能、流动性能等进行较为系统的研究。

三、设计任务

1)了解改善木塑复合材料相容性的方法以及各种方法的增容机理。

2)掌握木粉预处理和 PP-g-MAH 的制备方法。

3)制备木粉/PP 复合材料,初步考察少数重要因素对木粉/LDPE 复合材料性能的影响;测试木粉/LDPE 复合材料的拉伸、冲击性能及流动性能。

4)书写出规范的实验研究报告。

四、实验原材料仪器设备

1. 仪器设备

高速混合机:1台;

密炼机：1 台；

平板硫化机：1 台；

万能制样机：1 台；

万能材料试验机：1 台；

冲击试验仪：1 台；

熔体流动速率测试仪：1 台；

鼓风干燥箱：1 台。

2. 实验原材料

PP、PP-g-MAH、木粉、硬脂酸。

五、实验步骤

（1）将木粉进行预处理

将木粉平铺在托盘内，在恒温 110℃的烘箱中烘干 24h 后备用。

（2）高速混合机混合

将 PP-g-MAH、硬脂酸按比例加入已经烘干的木粉中，在高速混合机中 80℃下搅拌 15min，然后加入 PP 塑料继续搅拌 10min，待物料温度降至常温后出料备用。

（3）熔融共混

将高速混合机混合好的物料加入密炼机或双螺杆挤出机中，在 180~200℃范围内熔融共混 10min 得到木塑复合材料。

（4）模压成型

将复合材料加入模具中，利用平板硫化机，190℃下热压 5min，然后冷压 5min 制备片材，用万能制样机得到标准样条，以备力学性能和吸水性能测试。

（5）性能测试

拉伸性能按 GB/T 1040—2018 进行测试，试验速度 50mm/min。悬臂梁缺口冲击性能按 GB/T 1043—2008 进行测试。流动性能利用熔体流动速率仪测试，测试条件：实验温度 230℃，砝码重量 2.16kg，时间间隔 10s。

六、数据记录与处理

分别记录及讨论木粉目数、用量和 PP-g-MAH 相容剂用量对复合材料流动性能、拉伸强度、冲击强度和断裂伸长率的影响。实验配方见表 27-1。

表 27-1 木粉/PP 复合材料产品配方及产品性能记录

样品编号	木粉/g	PP-g-MAH/g	硬脂酸/g	聚丙烯/g	拉伸强度/MPa	冲击强度/（kJ/m²）	熔体流动速率/（g/10min）	断裂伸长率/%
1			0.3	30				
2	3（60 目）	1.5	0.3	30				

续表

样品编号	木粉/g	PP-g-MAH/g	硬脂酸/g	聚丙烯/g	拉伸强度/MPa	冲击强度/(kJ/m²)	熔体流动速率/(g/10min)	断裂伸长率/%
3	6(60目)	1.5	0.3	30				
4	9(60目)	1.5	0.3	30				
5	12(60目)	1.5	0.3	30				
6	6(60目)	0.75	0.3	30				
7	6(60目)	2.25	0.3	30				
8	6(80目)	1.5	0.3	30				
9	6(100目)	1.5	0.3	30				

七、注意事项

1）操作时注意安全，严防烫伤、压伤。

2）在使用高速混合机时，严禁高温下打开机盖。

3）密炼室未合上或锁紧时，严禁启动电机。

4）在压制品过程中，注意排气。

八、思考题

1）举例说明改善木粉与PP共混相容性的方法。

2）讨论木粉目数、用量对木粉/PP复合材料流动性能、力学性能的影响。

九、参考文献

[1] Kuang X, Kuang R, Zheng X, et al. Mechanical Properties and Size Stability of Wheat Straw and Recycled LDPE Composites Coupled by Waterborne Coupling Agents[J]. Carbohydr Polym, 2010, 80(3): 927-933.

[2] Zhu D Q, Sheng Y, Liu X R, et al. Effects of a Novel Acrylic-based Compatibilizer on the Mechanical Properties, Contactangle, Water absorption, Density and Processibility of PVC /wood Flour Composite[J]. J Reinf Plast Compos, 2012, 31(15): 1025-1036.

[3] Sheng Y, Zhu D Q, Su X F, et al. Effects of Different Treatment Agent on the Mechanical Properties of PP /wood Flour Composites[J]. Polym Mater Sci Eng, 2012, 28(10): 51-54.

[4] 曹金星, 张玲, 张云灿, 等. 相容剂对PP/木粉复合材料力学性能的影响[J]. 现代塑料加工应用, 2017, 29(2): 47-50.

[5] 郝智, 尹宏, 伍玉娇, 等. 木粉预处理对PP木塑复合料性能影响[J]. 现代塑料加工应用, 2012, 24(5): 27-27.

[6] 朱德钦，生瑜，童庆松，等. PP-g-(MAH/St)和 PP-g-MAH 对聚丙烯/木粉复合材料性能的影响[J]. 应用化学，2014，31(8)：885-891.

实验二十八　高分子材料 3D 打印加工实验

3D 打印技术，又称增材制造技术或 3D 快速成型技术，起源于 20 世纪 80 年代，是一种以数字模型文件为基础，采用离散材料(液体、粉末、丝、片、板等)，通过逐层累加的方式来制造任意复杂形状物体的技术。近几年来，3D 打印技术作为一项前沿性的先进制造技术迅猛发展，并且正迅速改变着人们的生产生活方式，在工业制造、生物医学、建筑制造、文化艺术等领域逐步发挥了重要的作用。而 FDM 作为目前 3D 打印技术中最广泛应用的技术，具有打印设备价格低、打印材料品种多、打印原料利用率高、打印过程材料无化学变化等优点。本实验以 PLA 丝材为原料，利用 UP BOX FDM 3D 打印机进行 3D 打印加工。

一、实验目的

1）了解 FDM 3D 打印技术的成型原理。

2）熟悉 UP BOX FDM 3D 打印机的基本构造和模型制作过程。

3）理解快速成型在产品设计中的应用，通过实验认识实物从"构思—设计—模型制作—后处理"的完整过程。

二、实验原理

1. FDM 实验原理

FDM(fused deposition modeling)中文全称为熔融沉积成型 3D 打印技术，使用丝状材料(塑料、树脂、低熔点金属)为原料，利用电加热方式将丝材加热至略高于熔化温度，在计算机的控制下，喷头做 x-y 平面运动，将熔融的材料涂覆在工作台上，冷却后形成工件的一层截面。一层成型后，喷头上移一层高度，随后开始加工下一层，由此逐层堆积形成三维工件，打印原理如图 28-1 所示。

在打印过程中，线材通过打印喷头挤出的瞬间将会快速凝固，根据材料的不同以及模型设计温度的不同，打印头的温度也不尽相同。为了防止打印零件出现翘曲变形等问题，一般还需在喷头温度升温后对打印平台进行预热处理，以此降低零件加工过程中的温度梯度。为便于零件加工完成后从打印平台上剥离，一般需在打印平台上预先置放隔层，喷头挤出的线材直接在隔层上成型。

2. FDM 3D 打印工作过程

FDM 3D 打印技术是由 CAD 模型直接驱动的快速制造复杂形状三维物理实体技术的总称。其基本过程是：

1）首先设计出所需零件的计算机三维模型，并按照通用的格式存储(STL 文件)；

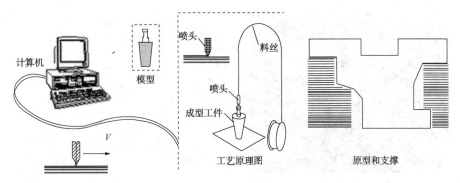

图 28-1　FDM 三维打印原理图

2）根据工艺要求选择成型方向（Z 方向），然后按照一定的规则将该模型离散为一系列有序的单元，通常将其按一定厚度进行离散（习惯称为分层），把原来的三维 CAD 模型变成一系列的层片（CLI 文件）；

3）再根据每个层片的轮廓信息，输入加工参数，自动生成控制代码；

4）最后由成型机成型一系列层片并自动将它们连接起来，得到一个三维物理实体；

5）后处理，小心取出原型，去除支撑，避免破坏零件。用砂纸打磨台阶效应比较明显处。如需要可进行原型表面上光。

3. FDM 3D 打印技术的特点

FDM 3D 打印技术的优点是材料利用率高、材料成本低、可选材料种类多、工艺简洁；缺点是精度较低、复杂构件不易制造、零件悬垂区域需加支撑、表面质量较差。该工艺适用于产品的概念建模及功能测试，适合中等复杂程度的中小原型，不适合制造大型零件。

三、实验原材料与仪器设备

1. 实验仪器

UP BOX 打印机，去支撑用工具钳等。

2. 实验原材料

PLA 3D 打印丝材。

四、实验步骤

1）熟悉 UP BOX 打印机的操作：

① 打印机控制按钮如图 28-2 所示。

② LED 呼吸灯如图 28-3 所示。

2）熟悉打印控制软件的操作界面及主要功能模块：

① 软件界面如图 28-4 所示。

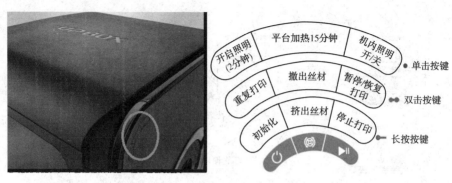

图 28-2　UP BOX 3D 打印机侧面控制按钮

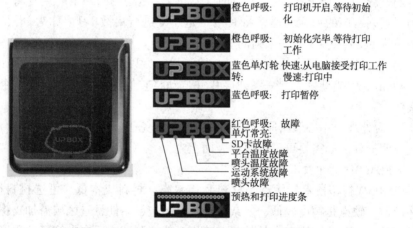

图 28-3　UP BOX 3D 打印机正面 LED 呼吸灯

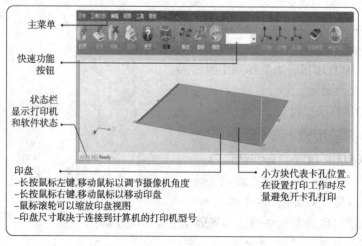

图 28-4　UP BOX 3D 打印机软件界面

② 工具栏如图 28-5 所示。

1. 开启 :载入模型

2. 保存 :将模型保存为.UP3,这是UP打印机的专用3D文件格式;

3. 卸载 :卸载所选的模型

4. 打印 :打印当前印盘

5. 关于 :显示软件版本,打印机型号,固件版本等

6. 视角 :多个透视图预置

7. 摆放调整: 移动 , 旋转 , 缩放

8. 设置调整值

9. 设置调整方向

10. 自动放置 :将模型放在印盘中心及表面。如果存在一个以上的模型,软件将优化它们的位置和相互之间的距离

11. 停止 :如果连接到打印机,点击此处将会停止打印过程(不能恢复)

图 28-5　UP BOX 3D 打印机软件工具栏

③ 打印参数如图 28-6 所示。

1.层片厚度:
每层打印厚度,该值越小,生成的细节越多
2.密封表面:
角度:决定密封层生成范围
表面:模型底层数量
3.支撑:
密封层:选择密封层厚度
间距:设置支撑结构的密度,该值越大,支撑结构越疏
面积:如果需要支撑面积小于该值,则不产生支撑(可以通过选择"仅基底"关闭支撑)

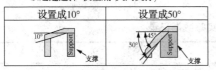

4.稳固支撑:产生更稳定的支撑,但是更难剥除
5.填充:照片显示了4种不同的填充效果

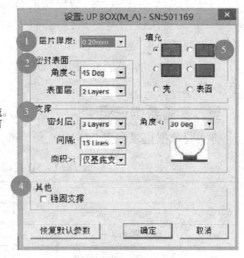

图 28-6　UP BOX 3D 打印机软件打印参数

3）在控制软件中选择端口并连接打印机,将指导教师指定的标准零件模型以及任选的个性化模型导入控制软件。

4）选择控制软件中的"位置"按钮,对导入模型执行平移、缩放操作,随后将模型对中,如图 28-7 所示。

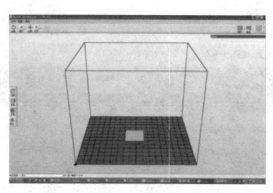

图 28-7　模型导入及对中

5）对模型执行切片操作，根据需要调整切片参数。

6）点击"运行任务"按钮，等打印机喷头、底板温度加热到设置温度后，打印机将开始打印，记录打印开始时间。

7）观察打印过程，分析影响打印效率的关键因素。

8）记录打印结束时间，模型打印完成后，待喷头及打印平台冷却后，再取出模型。

9）从打印平台上取出附着模型的打印底板（即是带规则网点的塑料板），手握铲刀（铲刀首次使用需要开封），将刀口放在模型与打印底板之间，用力慢慢铲动，来回撬松模型。

10）零件打印结束后，断开打印机电源适配器，清洁打印喷头及打印平台，关闭计算机。

五、实验数据记录

将实验数据记录在表 28-1 中。

表 28-1　3D 打印实验数据记录

项　　目	样　品
喷头预热时间/min	
平台预热时间/min	
零件尺寸（长×宽×高）/mm	
切层厚度/mm	
切层数量	
填充路径类型	
打印材料	
打印时间/min	

续表

项 目		样 品
实际打印尺寸(长×宽×高)/mm		
尺寸精度/mm	长度	
	宽度	
	高度	

六、实验注意事项

1）存储之前选好成型方向，一般按照"底大上小"的方向选取，以减小支撑量，缩短数据处理和成型时间；

2）受成型机空间和成型时间限制，加工范围：223mm×262mm×315mm；

3）尽量避免设计过于细小的结构，如直径小于 5mm 的球壳、锥体等；

4）尤其注意喷头部位未达到规定温度时不能打开喷头按钮。

七、思考题

1）造型精度会影响零件精度吗？

2）切片间距的大小对成型件的精度和生产率会产生怎样的影响？

3）3D 打印快速成型工艺与传统工艺的区别与各自的优势？

八、参考文献

[1] 朱艳青，史继富，王雷雷，等 . 3D 打印技术发展现状[J]. 制造技术与机床，2015，12.